U0344685

猎豹行动
硝烟中的敏捷转型之旅

刘华 著

人民邮电出版社
北京

图书在版编目（ＣＩＰ）数据

猎豹行动：硝烟中的敏捷转型之旅 / 刘华著. --
北京：人民邮电出版社，2018.9（2023.3重印）
ISBN 978-7-115-49154-1

Ⅰ. ①猎… Ⅱ. ①刘… Ⅲ. ①软件开发—项目管理
Ⅳ. ①TP311.52

中国版本图书馆CIP数据核字(2018)第190241号

内 容 提 要

本书以小说体的方式引导读者经历一场虚拟的体验式学习。本书以一家
金融公司——盛远金融公司的 IT 部门的敏捷转型为背景，详细介绍了转型前
IT 部门面临的问题、转型过程中遇到的各种障碍，以及为解决问题而尝试过
的多种方法和每种方法的优缺点。

本书共有 14 章，每章的结束部分会列出本章的主要知识点。本书的内容
主要包括敏捷开发（Scrum、极限编程）、精益方法（看板方法）、CI/CD 流水
线、基于 Trunk 的开发、微服务等。

本书风格独特，轻松易读，非常适合对敏捷模式感兴趣但尚未实践的读
者阅读学习，也适合已经有一定经验的实践者作为参考。

◆ 著　　　　　刘 华
　　责任编辑　　武晓燕
　　责任印制　　焦志炜

◆ 人民邮电出版社出版发行　　北京市丰台区成寿寺路 11 号
　　邮编　100164　　电子邮件　315@ptpress.com.cn
　　网址　http://www.ptpress.com.cn
　　北京天宇星印刷厂印刷

◆ 开本：880×1230　1/32
　　印张：6.875　　　　　　　　　　2018 年 9 月第 1 版
　　字数：154 千字　　　　　　　　2023 年 3 月北京第 7 次印刷

定价：49.80 元

读者服务热线：(010)81055410　印装质量热线：(010)81055316
反盗版热线：(010)81055315
广告经营许可证：京东市监广登字 20170147 号

推荐序 1

Kenneth（刘华）和我相识于一家跨国银行的敏捷与 DevOps 组织转型之旅，这个转型的过程就是我们常说的"让大象跳舞"，当然此中的酸甜苦辣只有亲身经历者才能体会。随着敏捷开发的普及，越来越多的组织开始出来分享自己的转型经验。Kenneth 从一个转型过程中的行动派，到本书故事的讲述者，为我们演绎了一个复杂组织鲜活的转型历程。

正如 Kenneth 在序中所写到的，《目标》和《凤凰项目》这样脱胎于现实的故事更能给读者代入式的体验，让我们能够突破文字表达的局限，场景化地去体会企业面临的市场挑战和转型过程中的矛盾冲突。在这个数字化时代，企业的敏捷与 DevOps 转型毫无疑问也有着类似的过程。有幸这种讲故事的方法被 Kenneth 所采用，带给我们更加场景化的阅读体验，帮助正在转型过程中挣扎的读者找到共鸣和激励，也让准备启动转型的读者寻到经验和信心。

本书的结构由此也不同于很多的理论和实践书籍，更像是敏捷圈子里的一部经典"剧本"，按照时序一幕幕展开，读起来让人饶有兴趣，时而因为找到共同点而会心一笑，时而又为组织壁垒的阻隔唉声一叹。如果你是一位转型推动者，你会在故事中看到自己的影子；如果你是一位敏捷和 DevOps 的实践者，你会从故事中体会到更宏观的组织视角。

故事是生动的，但敏捷和 DevOps 的实践需要在转型过程中刻意练习，持续学习必不可少。Kenneth 在故事中穿插了相关知识点的提炼和总结，从敏捷需求管理到团队迭代运作，再到 CI/CD 技术实践、微服务改造等。这样的描述方式为很多学习敏捷和 DevOps 实践的读者提供了实战案例，让读者从实际问题出发来理解敏捷经典实践（如 Scrum、Kanban）的一些正确运用。

大型企业的敏捷转型都会遇到方法、框架的挑战。由于敏捷和 DevOps 本质是抽象和提炼出的现代软件开发指导原则，在落地到具体行业和具体企业的时候，就需要进行适应性的实践框架的打造。这里没有捷径可循，也不应该有一个所谓敏捷开发统一框架，因为软件本身的价值在于使能业务、激活创新，而每家企业的业务都有差异性，每个组织的文化都是不同的。从这点出发，我们更希望看到类似本书中有血有肉的企业转型故事，让读者能够从故事中得到启发。

最后希望大家能够和我一样在轻松的心境下愉快地阅读这本"故事书"，不妨也拿起笔在 Kenneth 的故事中标注出自己的相似经历和体会，看看书中针对各阶段问题和挑战的分析及应对是否跟自己的思考相仿。在这样的碰撞中，我相信大家会和我一样学到不少新的知识点！

肖然

ThoughtWorks 咨询总监，敏捷精益专家

2018 年 7 月 16 日

推荐序 2

前几日，本书的作者 Kenneth 找到我说他写了一本书，希望我能给这本书作序。说实话，写这段文字的时候我和作者还没有见过面。我们是通过一段有关"粒度"的话题而认识的；相信读完本书的读者应该会明白我们所指的"粒度"是什么。读完整本书我只用了不到 2 天的时间，又一次创下了我读书的记录，上一本是《凤凰项目》，我用了 5 天时间。

作为一名软件工程顾问，在过去的十多年中我接触到各个不同行业、不同类型的软件研发团队不下百个。对于团队转型中的各种成功与失败、坚持与妥协、理想和失望感触颇深。在这本书中，我找到了这些似曾相识的场景，看到了一个个熟悉的身影。如果你也是软件行业的一位从业者，我相信你也可以在这本书中找到你的那些领导、客户、同行、同事，甚至你自己。

敏捷转型和 DevOps 实施从来都不是一帆风顺的，特别在大型组织中，这就如同一场没有硝烟的战争，看似风平浪静，实则风起云涌。每个部门和个体都有自己的利益，要打破已经稳固的利益链条，就必然引起各方面的矛盾和冲突，这就是变革的本质所在，也是大多数组织无法推进变革的原因。这就如同一个长久不进行体育锻炼的人突然间开始跑步，每天 10km 下来肌肉酸痛是不可避免的；而这种"痛"恰恰代表你的机体正在改变。如果锻炼结束后没有任何"痛"的感觉，那只能说明强度不够，没有触及该触及的那部分。在一个大型组织中，敏捷就如同大脑中产生的"我要健康"的意念，而 Scrum、Kanban、极限编程、持续集成、自动化测试等就是你每天的 10km。如果把 DevOps 看作企业效能的驱动力，那它就是你的肌肉。组织变革困难就和体育锻炼无法被坚持是一个道理，第一是因为必须触发"痛点"，组织的痛点都是和利益相关的，和利益相关的痛都是真的痛；第二是因为枯燥而难以坚持，不能持续 10 天以上的跑步不可能有任何的改进，Scrum 的迭代不坚持 5 个以上也不可能有任何的成效。这个过程枯燥而无味，它就是一遍一遍地重复同样的动作，但最终却可以锻炼出组织的那份肌肉记忆……这就是本书中所提到的"迈向常态"。

本书与《凤凰项目》颇有几分神似，同时也具备自己的味道。如果你正在寻求敏捷转型和 DevOps 实施的最佳路径，本书将为你提供非常具有实用价值的信息。本书对于敏捷和 DevOps 的很多基础实践进行了非常明确的说明，同时也对落地这些实践过程中可能遇到各种障碍进行了故事化的描写。我觉得这些描写虽然可能经过了作者的艺术化处理，但却非常有参考价值。我在所参与的每一次会议和交流上都会讲述很多自己帮助过的客户的过往经验，听者也都会觉得非常过瘾，但最后也都发现这些他们求知若渴的经验都是别人家的。而随着这些年讲述了越来越多的案例，我从更多地讲述成功开始转为更多地讲述失败，因为我发现那些失败的例子更有参考价值，我们真正要学习的是怎样少走人家的弯路，而不是与别人到达同一个顶峰。

希望大家都能和我一样在本书中找到共鸣。我们不必纠结故事本身的真实与否，因为即便是真实案例，那也不是"你家的孩子"。经验对于没有经验的人来说毫无价值！

宝剑已经交予你，而江湖本来就是你的。

徐磊

LEANSOFT 首席架构师

2018 年 7 月 7 日于北京

序

当出版社的编辑问我是否有兴趣写一本敏捷方面的书时，我既兴奋又忐忑。兴奋的是能出版一本书，当然是人生中功成名就的一件大事；忐忑的是这将是一项浩大的工程，对于像我这样的上班族来说，时间是一个挑战。幸好过去有写短篇小说的经历，书的架构还是很快就出来了。把提纲和样章交给了编辑，本书获得了立项。

本书受《目标》[①]《凤凰项目》[②] 的启发，以小说体的形式，讲述了一家公司的 IT 部门的敏捷与 DevOps 转型过程，同时涵盖了敏捷与 DevOps 的大部分知识点，适合对敏捷没有了解，有一定了解但没有实战经验，以及有一定实战经验的各类读者阅读。本书采用小说体的形式是为了提升阅读体验，这是我在阅读《目标》和《凤凰项目》时得到的启发，也希望这种形式能使内容更贴近现实，避免干涩。

在软件开发行业中，虽然敏捷、精益和 DevOps 已经不是什

[①] 作者：Eliyahu Goldratt、Jeff Cox，译者：齐若兰，出版社：电子工业出版社。
[②] 作者：Gene Kim、Kevin Behr、George Spafford，译者：成小留，出版社：人民邮电出版社。

么新鲜词汇，但是转型依然困难重重。在《精益企业》[①]的译者序中有以下这段"控诉"：

"在这个行业做开发、管理和咨询这么多年，有一种深深的失望。软件本可以是优美的，做软件的过程本可以是充满创造性、充满乐趣的，然而目之所及，大多数管理者深受建筑行业、制造行业生产过程的传统管理模式（即泰勒主义[②]管理模式）影响，生生将软件开发变成了一个艰苦而无趣的工作。殊不知（或知道，但视而不见）现代软件开发与传统的建筑、制造行业的生产过程有着本质区别。"

我非常认同这段话，这也是我想出版本书的理由之一。

敏捷转型就像一场艰苦卓绝的革命，需要一代又一代人前仆后继，让这个行业回归它应有的模样。我愿意一直投身其中。

我的工作涉及软件交付和维护、团队建设和管理、敏捷落地与组织转型等方面。多年前，一次偶然的机会，我接触到了敏捷开发，其理念和价值对我的影响远远超出了软件开发的范畴，可以说是刷新了我以往的工作理念，也深深影响着我的管理思路。近年来逐渐流行的"敏捷企业""精益企业"的概念，也证明了敏捷思想影响之深远。我们正处在一个快速变化的时代，如何适

---

① 作者：Jez Humble、Joanne Molesky、Barry，译者：姚安峰，出版社：人民邮电出版社。

② 英文为 TAYLORISM，又称为泰罗制、泰罗主义或泰勒制。Taylor 认为企业管理的根本目的在于提高劳动生产率，他在 *Principles of Scientific Management* 一书中说过："科学管理如同节省劳动的机器一样，其目的在于提高每一单位劳动的产量。"而提高劳动生产率的目的是增加企业的利润或实现利润最大化的目标。在工业时代它曾发挥过重要作用。

应这种快速变化和高度的不确定性，是值得每一个人思考的问题。敏捷正是在这个大的时代背景下应运而生，相信在不久的将来，它将成为一种常态。因此，敏捷思想可以说是今后每一个人的基本技能。

本书的内容涵盖了以下知识点，知识点的内容以楷体印刷：

- 敏捷开发——Scrum、极限编程；
- 精益方法——看板方法；
- DevOps——特性团队、CI/CD 流水线、基于主干的开发；
- 微服务；
- 关键链。

从故事内容上，您可能也会发现，并非所有知识点都适合故事中的盛远金融公司的情况，这也是笔者有意而为之。现实中，没有一个方法是可以放之四海而皆准的，每一个方法都有其适用范围。但这也并不妨碍我们继续介绍和推广这些方法。同样的道理，不适合盛远的并不代表不适合您的组织。

随着家里二宝的出生，我也可以利用陪产假的时间完成本书的大部分内容。在此感谢我的家人的支持和奉献。感谢人民邮电出版社的武晓燕编辑的邀约和耐心指导。也感谢 GitChat[①]，正是 GitChat，让我结识了武晓燕女士，开启了此次的出书之旅。感谢 LEANSOFT 的徐磊、ThoughtWorks 的肖然为本书写序和书评。感谢香港 Imbibe Cosmos Solutions 的陈铁儿（Taylor Chan）博士、汇丰的周纪海对本书的评价。

刘华（Kenneth）

2017 年 12 月 31 日于广州

---

① GitChat 是一个新兴的、活跃的知识分享平台。

资源与支持

本书由异步社区出品，社区（https://www.epubit.com/）为您
提供相关资源和后续服务。

配套资源

本书提供如下资源：

● 书中彩图文件。

要获得以上配套资源，请在异步社区本书页面中点击 配套资源 ，
跳转到下载界面，按提示进行操作即可。注意：为保证购书读者
的权益，该操作会给出相关提示，要求输入提取码进行验证。

提交勘误

作者和编辑尽最大努力来确保书中内容的准确性，但难免会
存在疏漏。欢迎您将发现的问题反馈给我们，帮助我们提升图书
的质量。

当您发现错误时，请登录异步社区，按书名搜索，进入本书
页面，点击"提交勘误"，输入勘误信息，单击"提交"按钮即可。
本书的作者和编辑会对您提交的勘误进行审核，确认并接受后，
您将获赠异步社区的 100 积分。积分可用于在异步社区兑换优惠

券、样书或奖品。

扫码关注本书

扫描下方二维码，您将会在异步社区微信服务号中看到本书信息及相关的服务提示。

与我们联系

我们的联系邮箱是 contact@epubit.com.cn。

如果您对本书有任何疑问或建议，请您发邮件给我们，并请在邮件标题中注明本书书名，以便我们更高效地做出反馈。

如果您有兴趣出版图书、录制教学视频，或者参与图书翻译、技术审校等工作，可以发邮件给我们；有意出版图书的作者也可以到异步社区在线提交投稿（直接访问 www.epubit.com/selfpublish/submission 即可）。

如果您是学校、培训机构或企业，想批量购买本书或异步社区出版的其他图书，也可以发邮件给我们。

如果您在网上发现有针对异步社区出品图书的各种形式的盗版行为，包括对图书全部或部分内容的非授权传播，请您将怀疑有侵权行为的链接发邮件给我们。您的这一举动是对作者权益的保护，也是我们持续为您提供有价值的内容的动力之源。

关于异步社区和异步图书

"异步社区"是人民邮电出版社旗下 IT 专业图书社区，致力于出版精品 IT 技术图书和相关学习产品，为作译者提供优质出版服务。异步社区创办于 2015 年 8 月，提供大量精品 IT 技术图书和电子书，以及高品质技术文章和视频课程。更多详情请访问异步社区官网 https://www.epubit.com。

"异步图书"是由异步社区编辑团队策划出版的精品 IT 专业图书的品牌，依托于人民邮电出版社近 30 年的计算机图书出版积累和专业编辑团队，相关图书在封面上印有异步图书的 LOGO。异步图书的出版领域包括软件开发、大数据、AI、测试、前端、网络技术等。

异步社区

微信服务号

目录

第1章

启航——猎豹行动启动

"我强烈要求大家回去看《凤凰项目》[①]，一个月内在我们的内部博客上写读后感！"思文在管理层例会上说道。

思文是盛远金融公司的 CIO。盛远公司主要提供证券服务等金融服务，它拥有 100 多人的 IT 部门，为公司业务提供软件交付与维护服务，CIO 就是 IT 部门的总负责人。

"我真的被这本书打动了！"思文接着说，"我觉得我就好像书中的比尔，而比尔曾遇到的种种困境就是我们每天的写照，比尔通过与团队一起探讨了一些具体方法扭转了局势，对我有很大的启发。业务部门对我们最大的不满是 IT 交付得太慢且太昂贵了，我们必须做出改变。"

"半年前，我开始和大家聊敏捷开发，我们要变得更加敏捷，像猎豹一样，更快地响应业务部门的请求，更好地交付业务价值。我们有些团队已经开始行动了，效果不错。我宣布，从今天开始，我将启动'猎豹行动'，落实我们的敏捷转型。"

思文转向王章，向大家介绍道："我来介绍一下，这位是王章，我们外聘的敏捷顾问，来自思域咨询公司，他将带领我们落实猎豹行动，大家一定要好好配合王章，有任何问题都可以向他请教。另外，我已经向公司申请了一笔专款投入到相关的培训和

---

① 《凤凰项目》是一本小说体的 DevOps 图书，可以说是 DevOps 的启蒙书，它与精益图书《目标》的小说体风格相似，生动地讲述了图书 DevOps 转型的过程。《凤凰项目》的故事思路围绕着 DevOps 三步工作法进行。DevOps 可以算是敏捷开发的延伸，实现了最终的持续交付。本书后面将详细解释敏捷开发与 DevOps 的关系。

工具支持上，这也是很多同事多年来的诉求，大家要好好珍惜这次难得的机会，我希望一年后我们能有一个崭新的面貌！"

思文让王章做了简单的自我介绍后，接着说："另外，之前提过的'热带雨林'项目也正式提上日程了，我已经委任张丽为这个项目的总监，她会直接向我汇报。下面请张丽给大家正式介绍一下这个项目。"

大家把目光转向张丽。

张丽问大家："大伙还记得'热带雨林'项目因何得名吗？"

除了王章和刚来公司不久的李俊外，其他人都纷纷点头。

张丽接着说："看来大家的记性不错，王章和李俊刚刚加入不了解情况，我也借这个机会和大家温故而知新。大家知道，基金①外包业务是我们公司最重要的业务，'热带雨林'就是竞争对手把他们的基金外包业务的后台服务转包给我们，由于对方的业务量是我们的两倍，我们接下这项业务后，在基金外包服务这个领域将成为领头羊，这项业务也会为我们带来丰厚的收入。另外，对方的具体业务其实跟我们的并不完全一样，有大量的开发工作需要进行，因此这个项目的收入和投入都非常庞大，用热带雨林来形容完全不为过，它是我们未来两年最重要的项目。"

---

① 从广义上说，基金（Fund）是指为了某种目的而设立的具有一定数量的资金。主要包括信托投资基金、公积金、保险基金和退休基金及各种基金会的基金。这里提到的基金主要是指证券投资基金，投资于股票、债券或货币市场。

李俊有点不解地问："不好意思，可能我对公司业务还不是很熟悉，没太听懂，基金外包业务的后台服务转包，好绕啊，能再解释一下吗？"

张丽回应道："没关系，我来打个比方吧。比如对方是一家餐厅，他们把厨房，也就是做菜这个服务外包给了我们，但餐厅的招牌和客户服务还是属于对方的。"

李俊和王章连连点头表示理解。

张丽接着说："这个项目有明确的期限，两年内必须完成，超过时限我们会被对方罚款。最新的消息是双方的合同已经签署，两边的项目已经正式立项。大家要随时迎接'热带雨林'的挑战。"张丽把时间交还给思文。

思文小结道："好，我总结一下，大家目前要完成以下几项内容。第一，回去记得看《凤凰项目》；第二，猎豹行动正式启动，大家要全力配合王章并利用好这次机会；第三，'热带雨林'很快就会进入实施阶段，大家也要全力配合张丽，特别是李俊，基金外包 IT 团队是项目的重头戏。好，散会。"

李俊在会中能感受到思文的兴奋，特别是在讲《凤凰项目》和猎豹行动时，在座的一些同事也被打动。思文是个性情中人，喜怒形于色，兴奋的时候会手舞足蹈，虽然是 IT 部门的一把手，却一点架子也没有，平易近人，也爱说话，拉上个人就能海聊一顿。

李俊是一个比较沉稳、冷静的人。他跳槽到盛远三周，是一位有着十多年经验、训练有素的资深项目经理，有 PMP 认证。虽然"热带雨林"看似比他以前做过的所有项目都大，但他对自己的项目计划和把控能力很有信心。

在之前的公司中，李俊在客户和业务部门的口碑非常好，他一诺千金，总能做到按时交付。但他也清楚这背后的代价。为了兑现承诺，他总是把团队逼得很紧，导致团队经常加班，尽管他会不时地自掏腰包请大伙吃饭来补偿，但团队士气并不高，流失率也比其他团队要大，大伙私下里都叫他"周扒皮"。项目交付后团队也会被各种质量问题缠身。

他的所有项目管理知识和经验都建立在瀑布模型上。他也曾经看过一些关于敏捷开发的文章，但是没有经过系统的培训。敏捷倡导的东西在他看来是取巧，是为不做计划和不写文档找借口。他更相信一个项目的成功靠的是强大和严密的计划能力、跟进能力和沟通能力，承诺是客户最需要的。

他也经历过一些自顶向下的变革运动，要么雷声大雨点小无疾而终，要么完全不考虑具体情况一刀切，并没有带来什么实质的好处。所以他对"猎豹行动"是有点抵触的。变革一定会带来额外的开销，团队为了交付已经疲于奔命，不能让他们受到太多干扰。尽管他了解到团队里有几个小伙伴对敏捷开发也很热衷，跃跃欲试。

王章是"老敏捷"，他深深地感受到思文对敏捷的热忱，他觉得来到这里是"广阔天地，大有作为"。

通常敏捷开发更受基层工程师的欢迎，因为它倡导信任、自治以及通过技术手段如自动化测试来取代繁文缛节的文档。管理层通常更喜欢管控与流程，因此很多人认为敏捷转型应该是一个自底向上的过程，因为每个团队的实际情况都不一样，自顶向下容易一刀切，形而上学。经过多年的实践，王章强烈地认为管理层的支持和推动也非常重要，自底向上的实验只能在极有限的局部发生作用，很快就会遇到阻力和瓶颈，变革需要整个公司文化和价值观上的改变与配合以及人力、工具的投入，唯有管理层的支持才能使变革遍地开花。管理层要在具体方法上避免一刀切，由基层团队按照自己的具体情况来选择具体方法和实践。

因此他觉得盛远有思文这样的领导在敏捷转型上一定会大有前途。

他很快构想了猎豹行动的具体启动方案：

1. 全面扫盲——他发现盛远 IT 部门的大部分同事对敏捷开发都是只知其名，他要组织全覆盖的敏捷扫盲班，让所有 IT 同事对敏捷开发有基本的了解；

2．体察民情——跟每个团队进行交谈，了解团队痛点，探讨具体改进方案；

3．教育客户——没有业务部门的配合，敏捷也玩不溜，他也要组织针对业务部门的敏捷基础培训。

思文对王章这么快就能拿出具体方案感到满意。

本章知识点小结：

- 管理层自上而下的推动力对敏捷转型的重要性。

第 2 章

前进——敏捷教育全面铺开

王章计划安排 3 场敏捷扫盲班，面向全体 IT 同事，目标是让所有同事对敏捷开发有基本的了解，以帮助他们有能力审视当前的交付模式并找出改进点。

思文也给每个团队主管下了死命令，必须保证所有团队的成员都参加。

对于敏捷的基础培训，王章可谓是驾轻就熟。他的培训大纲分成 4 个部分，计划用时一个半小时。

1. 传统模式的问题——剖析瀑布模型的适应局限以及给业务部门和 IT 部门带来的痛点。

2. 转向敏捷——什么是敏捷开发？它和瀑布模型最大的区别在哪里？具体方法和价值观是怎样的？

3. 实施敏捷的好处——包括对业务部门和 IT 部门的好处。

4. 如何开始——具体的启动行动。

第一场培训的参与人数最多，培训室 50 个座位座无虚席，大部分的团队主管也纷纷到场。

跟以前一样，王章在培训开始时都会抛出一个问题："大家听说过敏捷开发吗？听说过的请举手。"

现场有十多个同事举了手。

王章向其中一位举手的同事问："好，请问你能说说你理解的敏捷开发是怎样的吗？"

那位同事腼腆地回答道："其实我也只是听说，应该是一种迭代开发的方法，把一个项目拆成一个个迭代来交付。"

王章鼓励道："不错，有没有同事有其他补充？"

有同事说："我听说可以不写那么多文档。"

这个回答引来了一些笑声。

王章也笑着问："大家是不是特讨厌写文档？"

有同事回应说："是的，据说可以写一些自动化测试来取代文档，我觉得这才是一个程序员该干的。"

王章说："好，那我们带着这些问题来看看敏捷开发是不是和大家想象的一样。在座的各位应该做过不少项目，大家能说说做项目最大的痛苦是什么吗？"

"加班！"大家异口同声地说。

王章被逗笑了，接着问："好好好，'IT 狗'的共同心声。还有其他吗？"

"业务人员经常改需求，特别是在快要上线时才改。"一个同事控诉道，现场有不少同事点头呼应。

"好了，其实大家面对的问题都是业内的共同问题，而这些问题其实不光是 IT 部门的痛点，业务部门也有痛点，我们来看看。"王章顺势开始他的培训内容，他先回顾了瀑布模型的开发过程，并总结了在当前模型下，业务部门的痛点有：

1. 逾期交付；

2. 超支；

3. 看到成品时项目已接近尾声；

4. 缺乏透明度，不知道具体进度；

5. 很难变更需求；

6. 最终发现开发出来的产品不是他们想要的；

7. 贻误战机，丢失市场机会。

IT 部门的痛点有：

1. 过度承诺；

2. 难以一次性消化所有需求；

3. 惧怕需求变更；

4. 不断重做；

5. 后期压力巨大；

6. 加班！加班！加班！

王章随即分析造成这些痛点的原因。一个项目开始时，业务部门会给 IT 部门需求概要和期望交付日期。IT 部门需要做估算和计划。而在项目开始的时候，只有预算和目标交付时间是确定的，下面的所有因素都存在不确定性：

1. 范围与具体需求；
2. 可能的需求变更；
3. 人员（中途有人会放假甚至离职等）；
4. 估算的准确性；
5. 对现有系统的影响；
6. 服务器环境的搭建（需要什么配置、何时能到位）。

瀑布模型的过程是需求分析、设计、编程、测试和发布等几个阶段。在这里有以下问题。

1. 瀑布过程中每个阶段一环扣一环，设计、编程、测试都依赖于完整且稳定的需求，因此需求分析非常重要。我们期望能在这里花更多时间来挖掘所有的需求细节，然而在目标交付日期确定的情况下，在需求上花的时间多，后面的开发时间就会被压缩，从而形成矛盾。

2. 也因为每个阶段的环环相扣，需求变化会牵一发而动全身，变更成本高，因此IT部门惧怕需求变化。

3. 在整个过程中，业务部门要在测试的后半部分，也就是用户验收测试阶段才能看到成品，这个时候已经临近目标交付日期，此刻用户才发现产品并非他们想要的已经太迟了，覆水难收。

简单来说，瀑布模型适合确定性非常高的项目，而这样的项目凤毛麟角。软件开发过程充满不确定性，我们要管理和适应的正是这种不确定性。

"有没有一种方法能解决以上问题呢？我们来看看敏捷开发。"王章过渡道，他又抛出问题："大家觉得软件开发过程中，到底什么最重要？"

同事们答道：

"质量。"

"准时交货。"

"满足用户需要。"

……

王章回应道："大家讲的都对，但在我看来，软件开发最重要的是搞清楚用户到底想要什么！下面这张图大家应该都见过，用户最开始想要的东西和他们最终想要的东西可以完全不一样！

"我们要正确地做事（Do It Right），比如确保质量，但前提是我们做了正确的事（Do the Right Thing），交付用户真正想要的东西。用户在看到成品前，可能都无法确定自己真正想要的是什么，因此需求变化是不可避免的，我们必须适应。如何更快地交付也是我们必须思考的问题，因为业务部门需要面对市场的快速变化。我们来看看敏捷开发如何满足这些需要。"

接着，王章的 PPT 翻到了下面这组蒙娜丽莎图。他首先问在座的同事："大家觉得瀑布模型是上面一组图的过程，还是下面一组图的过程？"

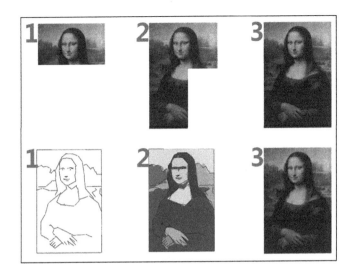

有人投上面一组，有人投下面一组。

王章接着说："我认为是下面一组，我们来分析一下这个过程有什么特点。这3个阶段都是画的整个范围，只是完成的程度不一样，这就很像瀑布的过程。假设一个问题，如果原来估算完成这幅画需要3个月，而客户突然要我们两个月就交货，我们只完成到第二幅画的阶段，这样的作品可以交付吗？"

大家纷纷摇头。

"是的，很显然不行。来看上面这组图，整幅画被切分成若干个部分，而每个部分都按照最终交付标准来完成。同样的假设，这组图中第二幅画可以交付吗？"

大家有点纠结，有人点头有人摇头。

"大家也不确定吧，其实在这个过程中，我们始终问客户，这幅画中哪些部分最重要，如果客户说蒙拉丽莎的头最重要，那么第二幅画是可以交付的。这个过程就是迭代开发或增量开发的过程，这就是敏捷开发最重要的特点，也是瀑布和敏捷最大的不同。"

不少同事点头表示理解。

"好了，说了这么多，我们来看看敏捷开发有些什么具体方法。敏捷开发有很多方法论，其中比较流行的有 Scrum、极限编程、看板方法等，今天我将重点讲解最流行的 Scrum。

"首先，Scrum 是个专有名词，它不是缩写，也没有中文翻译，大家只需要记住这个单词就可以了。然后，Scrum 引入了若干个新的概念。

Product Owner（PO）——用户 / 客户 / 业务的代言人，就是可以做出业务决策的人，所谓业务决策包括需求与优先级。

Scrum Master——熟悉 Scrum 流程的人，指导和确保团队以 Scrum 的方式进行交付。

Sprint——Scrum 中对迭代的说法。一个项目 / 产品的交付就是由一个又一个的 Sprint 构成的。

User Story——用户故事。具有业务价值的交付单位，一个项目 / 产品是由很多用户故事构成的。

Product Backlog——可以理解为项目的代办列表，由用户故事构成。

Sprint Backlog——一个 Sprint 的代办列表，确定 Sprint 里有哪些用户故事，框定 Sprint 的开发范围。

"下面这张图阐述了 Scrum 的整个过程：

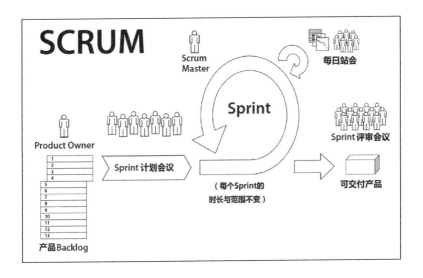

"每个项目或产品的交付由若干个 Sprint 构成。Sprint 的周期是固定的，以保持节奏。通常是 2～4 个星期，不建议超过 4 个星期。

"在每个 Sprint 开始的时候，Product Owner（下面称 PO）和 IT 团队一起开 Sprint 计划会议，PO 会对 Product Backlog 中的用户故事进行排序，选出最重要的用户故事。IT 团队会对这些用户故事进行估算。由于 Sprint 的周期已经确定，团队成员数量也是确定的，这两个因子确定了团队的大概交付能力。经过 PO 与 IT 团队的协商，确定哪些用户故事会放在这个 Sprint 的 Backlog 里，作为 Sprint 的开发范围。

"接下来 IT 团队围绕 Sprint Backlog 中的用户故事进行开发。IT 团队每天会组织一次站会，所有成员聚在一起，每个成员说一下'昨天做了什么，今天会做什么，昨天遇到了什么问题。'这是为了让整个团队了解进度，也是为了尽早地暴露问题并及时解决。一个问题，越早解决成本越低。由于站会每天都要发生，因此这个会议宜短不宜长，要控制在 15～20 分钟，让大家站着开会也是因为站的时间长了会累，从而逼着大家控制时间。这对团队规模也有要求，建议团队人数控制在 7 个人以内。如果项目比较大型，应该考虑把大型团队拆分成若干个小团队。小团队的沟通效率也远远比大型团队高。

"在 Sprint 结束的时候，PO 和 IT 团队又聚在一起开 Sprint 评审会议，IT 团队向 PO 展示这个 Sprint 的交付，PO 有任何反馈，甚至需求变更都可以定义成新的用户故事放到 Product Backlog 里重新排队，这也是敏捷应对需求变化的方法。为什么我们提倡短迭代呢？因为它大大缩短了反馈周期，即使整个迭代的交付最终都不是 PO 想要的，损失也有限，可以帮助双方及时调整产品的方向，确保最终交付的正确性。

"团队也可趁这个时候举行回顾会议，审视一下这个 Sprint 里哪些地方做得好，哪些地方可以做得更好，如果每个 Sprint 都坚持进行有效的回顾会议，便可形成持续改善的机制。"

王章在这里稍作停顿，因为这是本次培训最重要的内容，需要大家消化。在回答了现场几个问题后，王章强调了在 Scrum 中，PO 的角色非常重要，一个成功的敏捷项目背后一定有一个好 PO。

接下来，王章开始介绍敏捷开发的一些核心价值观，首先是敏捷宣言：

- 个体与交互胜于过程与工具；
- 可工作的软件胜于面面俱到的文档；
- 与客户的协作胜于基于合同的谈判；
- 响应变化胜于遵循计划。

敏捷所有的改变，就是为了一件事情——快速反馈：

- 短迭代开发——让 PO 更快、更早地看到成品，给予反馈；
- 每日站会——每天都能看到进度和阻碍；
- 回顾会议——每个迭代都反思改进点，形成持续改善的机制。

"今后我还将给大家介绍极限编程[①]，它提出的以下实践也是为

---

① 极限编程（Extreme Programming，XP）是由 Kent Beck 提出的另一种敏捷开发方法论，它有 12 个具体实践，涵盖了 Scrum 未包括的有关设计、编程、测试、集成等的工程实践，Scrum 和 XP 经常组合在一起。本书后面的章节会对极限编程作详细的介绍。

了快速反馈：

- 测试驱动编程——围绕一个需求先写自动化测试代码，再编程，自动化测试能立即给予程序是否正确的反馈；
- 持续集成——每天甚至每次提交代码的时候都把所有代码集成一次，运行所有自动化测试，立即反馈集成结果；
- 结对编程——一般的事后评审的有效性存疑，也会带来返工消耗。结对编程就是两个人边编程边评审，及时反馈，一次性确保代码质量。"

王章总结了敏捷开发给业务部门和 IT 部门带来的好处。

对业务部门而言：

1. 不再需要一次性解释所有的需求；
2. 可随时提出需求变更；
3. 进度透明；
4. 确保最重要的需求能在目标交付日期获得；
5. 确保得到正确的产品。

对 IT 部门而言：

1. 不再需要承诺一个未必能实现的计划；

2. 更早地开工和交付；

3. 为当前迭代进行更精确的计划；

4. 适应需求变化；

5. 适应不确定性；

6. 开发正确的产品；

7. 与业务人员的争执更少。

最后，王章给出敏捷启动的建议：

1. 围绕已知的范围和需求定义用户故事和建立 Product Backlog；

2. 为用户故事排优先级；

3. 商定 Sprint 的长度；

4. 商定 Spring 计划会议和评审会议的日程；

5. 商定发布计划；

6. 准备相应的辅助工具。

王章结束了培训的内容，到了问答时间。

有同事问："除了敏捷，业界现在也经常提 DevOps，请问两者有什么关联吗？"

王章回应道："问得好。"

他随即翻出了下面这张 PPT，继续说："我们来看这张图，敏捷打通了业务、开发、测试之间的'墙'[1]，通过更紧密的沟通与交互实现更频繁的交付。然而，开发团队与运维团队之间还有一堵'墙'，开发团队希望持续交付，运维团队希望稳定，DevOps 就是要打破这最后一堵'墙'，实现开发与运维一体化和端到端的持续交付，它融合了敏捷与精益[2]的精神，涉及自动化、精益思想、量度和分享。建议大家去看看《凤凰项目》，它可以说是 DevOps 的启蒙图书，而且是小说体，故事性强，可读性高，我第一次看的时候一个周末就看完了，思文也强烈推荐，大家一定能从中收益。今后有机会我也会和大家作进一步分享。"

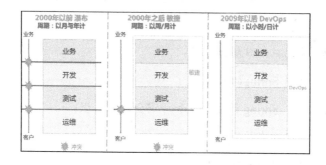

　　李俊问了另一个问题："我明白敏捷通过迭代不断交付部分需求和寻求客户的反馈，并且不断调整开发方向以满足最终需求。但在项目开始的时候，客户一定要我们承诺什么时候能交付他们的需求，而敏捷好像并不做长期计划，这个问题怎么解决？"

---

① 关于敏捷如何打通开发与测试之"墙"，将在后面介绍极限编程时提及。
② 精益是从丰田生产系统移植到软件开发的方法，看板方法就是其中一种精益方法。本书后面的章节会对精益和看板方法作详细的介绍。

王章回答道："是的，客户需要我们的承诺，我们也需要在一开始进行估算。但是正如我们开始所说的，在项目开始之前，我们拥有的信息只有需求概要和目标日期，相应的估算确定的其实只是预算，我们通过迭代就是想帮助客户花好这笔预算，交付他们想要的产品。打个比方，客户一开始要的是冰箱，我们估算制造这台冰箱要 5000 元，在迭代过程中，客户发现他想要的其实是洗衣机，于是我们通过及时调整做出了洗衣机。也许客户最想要的是全自动洗衣机，但是在 5000 元预算内，我们只能做出半自动洗衣机，客户可以选择追加投资继续开发。关键是这个过程中，客户全程参与，这个结果是客户与 IT 部门一起缔造出来的。但如果是瀑布，我们只会开发出他最终并不想要的冰箱，造成浪费。

"当然，敏捷也有自己的一套估算和计划方法，今后有机会再跟大家详细介绍，今天的内容比较多，大家还是先消化消化。"

在回答了所有问题后，培训结束了。

李俊通过这次培训受到了很大的启发，他发现自己过去对敏捷的理解太片面了，这次是很好的刷新知识的机会。他甚至在培训中通过自己的理解帮王章解答了一些现场的问题，王章也对他的解答表示认同。不过他相信在真实的项目中落地以及让业务部门买账时，肯定会遇到很多实际的问题。

接下来的两场培训也顺利完成。随后王章向所有学员发出了调查问卷，得到的反馈都不错。

本章知识点小结：

- 敏捷开发与瀑布模型的最大区别——迭代开发／增量开发；

- Scrum——Product Owner（PO）、Sprint、Sprint 计划与评审会议、每日站会；

- DevOps——打破开发与运维的"墙"，实现端到端的持续交付。

第3章
提速——工具落地，效率提升

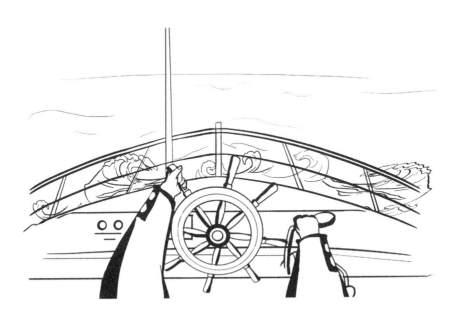

工欲善其事，必先利其器！

然而在过去，公司所选购的工具软件既昂贵又非主流。大家对此怨声载道，多次向管理层提出要求使用业内更主流的工具。

由于是金融企业，盛远公司在个人计算机的管理上也有严格的限制，甚至对业务部门和 IT 部门"一视同仁"，员工不能自行在计算机上安装软件，只能选择公司许可的非常有限的软件，导致工具和系统所使用的技术与业内严重脱节。

过往的 CIO 和安全部门对开源技术也有抵触，认为将其用在金融系统中不可靠。开源技术受到严格限制，使用新的开源技术需要走烦琐的流程并经安全部门同意，而安全部门不懂 IT 技术，请求通常不了了之。

思文原来是一家互联网电商企业的支付部总监。盛远的原 CIO 离职后，由于近年来传统金融行业受到互联网金融的强大冲击，CEO 张钟国希望能招一个来自互联网企业的高级管理人员接任 CIO。思文是他的得意人选，她的管理思维与过往 CIO 完全不一样。

她接任后，就那些问题和张钟国讨论过，希望能将部分工具软件替换为更主流的、能满足敏捷与 DevOps 需要的工具软件，IT 部门的个人计算机有更多权限并对开源技术采取更开放的态度。

她认为创新、学习和引进新技术以及提升交付效率对公司适应市场新变化很重要，特别是面对互联网金融的冲击。

张钟国认同要和市场接轨，同时也回应道，历史问题总有历史原因，建议她直接与采购部门和安全部门谈。

由于 IT 部门与这些部门平级，一开始的沟通并不顺利。

采购部门要求思文走标准招标流程，要提供替代软件与现有软件的详细比较，包括价格、维护成本、功能、安全等方面，替代软件必须包含两套以上的方案，安全部门也要就安全问题进行评审。

她为此成立了一支专门的工具团队，负责与采购部门和安全部门进行协商，以及采购后的部署和维护。

关于电脑权限和开源技术，安全部门死守防线，思文只能采取迂回战术，暂时放弃计算机权限那块，集中精力争取安全部门对开源的支持，在站在巨人的肩膀上和重复造轮子这两个选择上，她的态度非常鲜明。

关于安全问题，她指出，开源有无数只眼睛盯着，其代码质量甚至优于闭门造车的商业软件，而且源代码是公开的，有问题自己也能排查。安全部门回应道，商业软件有明确的责任方与合同保护，出了问题，可以通过合同追责，开源找谁算账去？

经过多次论证，双方的妥协方案是禁止通过公共仓库下载开源资源，只能使用内部仓库，但大部分主流的框架已经入选，能够满足 IT 部门开发的需要，只有在清单以外的软件需要走审批流程。作为工具类的开源软件，由于不牵涉到业务系统，安全部门也开了绿灯。

经过两个月的努力，工具团队部署了以下工具，并以公共服务的形式开放给所有 IT 团队使用。

JIRA——项目与事务跟踪工具，被广泛应用于缺陷跟踪、客户服务、需求收集、流程审批、任务跟踪、项目跟踪和敏捷管理等工作领域（很多开源项目就是用 JIRA 收集和管理缺陷与交流的）。

Confluence——用于企业知识管理与协同，以及构建企业 wiki。（来自澳大利亚的 Atlassian 公司推出的 JIRA 和 Confluence 是敏捷开发的两大利器，它们彻底地贯彻了敏捷开发所倡导的去中心化、协作、集体讨论、信息共享、灵活、透明、可视化等原则。JIRA 与 Confluence 相互结合，更是相得益彰[1]。）

GitHub——基于 Git 工具的在线代码托管平台，分布式的代码管理工具，突破了传统的集中式代码管理模式，程序员可以通过 Git 在本地管理自己的分支，在成熟的时机把分支推到

---

[1] 笔者在 GitChat 发表过题为《敏捷利器 JIRA 和 Confluence 使用攻略》的文章，详细地介绍了这两款工具的实战攻略。

GitHub 中，管理员可以通过保护主干（master）分支，强制所有合并到主干的请求必须通过评审才能完成，从而强化代码评审的过程。

Nexus——使用 Maven[①]或 Gradle[②]进行项目代码管理已经是绝大多数 Java 项目的首选，而公司自建 Nexus 仓库缓存和管理代码库可大大提高下载和管理的效率。

Jenkins——持续集成[③]工具，可灵活定义各种自动化的 Job 来完成特定的集成工序，包括定时触发或代码提交时触发。典型的应用是监测代码库（如 GitHub）的提交行为，一旦提交完成，自动执行集成，包括从代码库获取所有代码，执行设定的 Maven Goal（比如编译、运行测试、打包、发布到 Nexus）并输出测试结果。所有 Job 的运行结果都会被记录。IT 团队的每日站会应查看当天的集成结果，如果发生任何集成失败，应该立即分配人员处理，防微杜渐，维持 100% 通过的状态。一旦放任任何一次集成失败，很容易造成代码和测试腐化，积重难返，失去了持续集成的意义，前功尽弃。

SonarQube——通过 Jenkins 可以看到每日甚至每次代码提交

① Maven 是一个在 Java 开发中被广泛使用的项目管理工具，它包含项目代码结构管理、项目生命周期以及依赖管理系统，富含各种插件满足各种开发、测试和发布的需要。
② Gradle 是一个基于 Maven 概念的项目自动化构建工具。使用基于 Groovy（一种基于 JVM 的 Java 衍生语言，大大简化了 Java 的语法，支持脚本化）的特定领域语言（DSL）来声明项目设置，抛弃了基于 XML 的各种烦琐配置。支持 maven、Ivy 仓库，支持传递性依赖管理。
③ 持续集成是极限编程提出的一种实践，本书将在后面的章节作详细介绍。

的集成结果，SonarQube 可以给出团队代码质量的趋势，其插件可涵盖静态代码分析[①]、自动化测试覆盖率等指标，告知团队指标趋势向好还是向坏。对于有遗留代码的系统而言，作为团队的代码质量目标，趋势比静态指标更现实。在 Jenkins 的 Job 中可以嵌入 SonarQube 检查。

Ansible——自动化部署工具，通过编写 Play Book 来执行部署。

然而要使这些工具在团队落地，特别是一些自动化工具，必须根据每个团队的具体情况因地制宜，这需要额外的人力资源。

由于项目都是从项目管理办公室（Project Management Office，PMO）转包给 IT 部门的，一半或以上的项目预算会被 PMO 吃掉，导致 IT 部门的人员编制和业务请求量并不匹配。每个团队都存在人员不足的情况，团队为了应对业务请求已疲于奔命，这也是思文一直头痛的问题。虽然大家都明白落地工具是一项回报不错的投资，然而几乎没有团队能够抽出人手来落实投资。思文曾经向 CEO 提出过申请一笔资金来外聘一些短期合同工来解决问题，但是被否决了。

王章提出了一个想法，首先通过工作坊（Workshop）和团队一起找出痛点，列出所有改进点并进行优先级排序；然后通过

---

① 常见的 Java 静态代码分析工具有 CheckStyle、PMD 和 FindBug，它们可以根据预设的规则快速分析代码是否符合规范以及是否含有潜在缺陷，并生成报告和建议。

"DevOps 时间"落实改进，他建议每个团队每天划出一个固定时段，半小时至一小时，称为"DevOps 时间"，在这个时间段内，所有团队成员放下手头的交付工作，自行摘取改进点进行实施，也可以组队完成，并建立激励机制鼓励大家积极参与。

思文让王章在她的管理层例会上介绍了这些想法，并表示了支持，她说："我特别赞同'DevOps 时间'的想法，大家都有很多改进要做，但又总是抱怨没有人力去落实，甚至奢望借助于外力。其实只有我们自己才清楚要改进什么和如何改进，我们必须自力更生。

"每天挖一点时间的想法有点像 Google 的'20% 时间'[①]，坦白说，我相信多了或少了那点时间对交付不会有实质的影响，软件开发过程从来不是线性的，我们对人员的管理也不应该纠结在那点时间上。相反，除了落实改进带来效率提升的直接效益外，同时有机会尝试一下与日常工作不一样的、富有有挑战性的工作，这对于提升大家的士气和忠诚度也会有帮助。

"另外，我们要激励同事参与其中，我想设立一个'每月名人堂'，所有当月完成改进点的个人或小组都将在名人堂上分享他们的成果，我们进行评选，设立奖项，给予获奖的个人或小组一定的奖励，大家觉得如何？"

---

① Google 允许员工每周花 20% 的时间在非指派任务中，员工可以自由支配这段时间进行各种创新、实验性、探索性的项目，这为 Google 带来了大量的创新和业务扩展。Gmail 就是如此诞生的。

团队主管们纷纷表示同意。

思文开心地对王章说："好了，大师，接下来要辛苦你来搞工作坊了。"王章表示乐意。

王章选了李俊的团队进行了第一次工作坊。

工作坊以"团队共创[①]"的形式进行，分为主题介绍、头脑风暴、排列组合、提炼中心词和模型图 5 步，计划用时两小时。为了鼓励团队积极参与，他向思文要了一些经费，为所有参与的同事提供饮品。他按照议程开始了工作坊。

主题介绍——他首先和团队讨论了工作坊的主题，也就是未来半年敏捷和 DevOps 的改进目标。经过短暂的讨论，大家确立了目标为"半年内实现不需要加班的每周上线"。王章把这个主题写在一张 A4 纸上，并用彩笔把它醒目地框起来，贴在白板上，让所有人都能轻易看到。

头脑风暴——他向每个参与者都发了一叠报事贴，要求大家进行个人头脑风暴，罗列出目前阻碍我们实现这个目标的每一个障碍，每张贴纸写一个想法，字数限制在 6～12 个字，每人写 4～6 张。然后参与者分成几个小组，让他们从各人的想法中提

——————————

① "团队共创（Team Consensus Method）"是一种使群体能够迅速达成共识的促动技术；它遵循人类大脑的自然思维过程，通过挖掘及综合各种观点，形成创新、可行的决策和计划。团队共创法可以促进参与者实现求同存异、缩小差距、扩大共识和共创共赢等目的。

炼出 5 个想法，用彩笔横写在 A5 纸上。

排列组合——各小组完成后，大家集中在白板前，王章要求小组代表向所有人大声逐一宣读小组的 5 个想法，王章会对每张 A5 纸进行归类，同类放在同一列，不同类新开一列，控制在 4～7 列内。

提炼中心词——当所有小组的想法都以 A5 纸分类贴在白板上后，大家要为每一列提炼中心词，不超过 6 个字，将其记录在每列上方，从最长的一列开始。然后为每一列的所有贴纸标上列的序号，比如第一列的所有贴纸都标上 1。

模型图——有了中心词后，大家一同思考这些中心词的逻辑关系，并通过关系摆放形成图形，然后解读图形，制定行动方案。

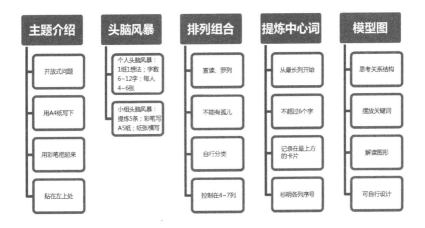

通过这个过程，李俊团队找出了 3 大类问题，并制定了相应的行动方案。

- 业务请求跟踪性差——通过 JIRA 记录所有的请求和需求，并建立可视板使进度可视化。每日站会围绕着 JIRA 可视板进行，确认每天的优先级、进度和阻碍。通过 Confluence 建立项目文档和知识库，使所有知识和信息透明化，提升沟通和学习效率。

- 缺乏回归测试——开发团队研究如何从全手动测试转向自动化测试，然后通过 Jenkins 每天自动执行全部自动化测试并发布测试结果，结合 SonarQube 观测测试代码的覆盖率是否处于上升趋势。

- 手工部署——每次部署，不管是部署到测试服务器还是生产服务器，都是手动进行的，整个过程烦琐，容易出错且效率低下。由于公司大部分系统只能在周末进行维护和上线，一般由运维团队负责。手动方式意味着要在周末加班进行，这大大限制了上线的频率。最频繁的上线也只能做到每月一发，这也导致了开发团队为了应对业务部门的催促草率开发和上线，因为对业务而言赶不上本月这班车就是一个月的延迟。开发团队也希望能有更频繁、更灵活的上线周期，而这意味着运维团队需要频繁地在周末加班，该形式难以持续。通过 Ansible 编写部署脚本，从而实现部署自动化，开发团队可以在周五把部署计划定时设好，部署计划在周六自动执行，发生部署意外会自动通知运维团队，从而减少上线工时并降低上线风险。

其他团队也在王章的主持下，开展了类似的工作坊，并通过"DevOps 时间"落实改进。经过一段时间的努力，各团队的交付效率有所提升，思文也很赞赏各团队"动起来"的氛围。

当然，这个过程并非一帆风顺，甚至会有反复。

比如自动化测试远非落实工具那么简单，大部分系统都是完全没有自动化测试覆盖的遗留系统，测试用例覆盖率的提升并非一朝一夕可完成，回归测试也不可能靠重写功能测试来实现。如何在遗留系统上搭建简单、有效、快速的自动化回归测试框架是一个重要命题。

在此期间王章也不断地组织一些专题培训，比如极限编程。通过这些培训，以自主开发为主的团队开始强制为所有新的代码编写自动化测试。但是，由于遗留代码的耦合度高，可测试性低，团队起步的时候举步维艰，重构也带来了一些风险，甚至引发了一些生产环境的事故。

上线流程是另一个阻碍。传统的管理思维是追求零缺陷、零风险的，因此，发生一个问题，系统便会在原来的流程上再增加一道审查，最终导致流程越来越烦琐，需要的批复也越来越多。经常会出现当一个故障发生时，修复故障代码只花了一个小时，而由于流程修复上线花了两天的时间，造成了更大的业务影响。也因为流程烦琐，IT 团队往往希望把修复上线拖到下一个已计划好的上线周期里，省掉走流程的麻烦，而不是更早地为业务解决

问题。这里衍生的更大的问题是，为了一些曾经发生过的小概率事件，业务部门和 IT 部门在每一次上线过程中都付出了巨大的人力和时间成本。

思文认为大家应该摒弃这样的思维，事实上，不管你付出多少努力，零缺陷和零风险都是不可实现的，很多问题只有在生产环境才会出现。而 IT 部门需要提升的是出了问题的时候，更快地修复问题并把业务影响降到最低的能力。如果敏捷和 DevOps 做得好，做到真正的持续交付、频繁上线，那么每次上线所涉及的变更范围会缩到最小，这才是真正有效的降低风险的方法。因此，她希望能通过推进敏捷转型使上线风险逐渐降低，然后把流程精简下来，让大家将更多的精力放在有价值的事情上。当然，这个过程要非常慎重，在目前的开发模式下，每一次上线都像在悬崖边上行走。

王章也很清楚，仅靠 IT 部门自己的努力是远远不能达到最终目标的。真正的持续交付需要从左端的业务需求到右端的上线全流程配合才能实现。目前在做的，只是通过一些工具自动化某些过程，更多是在右端的局部改善，但如果左端依然是大需求，开发范围大、周期长，那么右端走得再快也没有用。

在交付过程中，有两个时间，一个是前置时间（Lead Time），一个是周期时间（Cycle Time）。打个比方，我去咖啡店买咖啡，从到达咖啡店排队那一刻就开始计算前置时间，当我在店内下单后，店员接到我的单开始制作咖啡时，开始计算周期时间，直到咖啡交到我手上，这两个时间停止计算。可以想象，这两个时间有很大的差距。提升咖啡制作的效率，可以显著缩短周期时间，但前置时间还有很多与咖啡制作不直接相关的因素，包括下单前的排队时间、下单速度、下单方式、支付方式等。目前 IT 部门的改善集中在缩短周期时间上，而业务部门更关心的其实是前置时间，也就是从他们提出一个请求到这个请求上线实现业务价值的时间，要缩短这个时间，需要业务和 IT 部门配合做更多的事情。当然，不能因此否定 IT 部门在这个阶段的成果，毕竟改变自己比改变别人要容易得多，从改善自身效率起步是正确的选择。

对业务部门的教育和感化是下一步的重点。但思文在王章到岗时介绍道："盛远的一个问题是业务部门架构比较复杂，从前到后有销售部、服务部、PMO 和 IT 部门。销售部负责开发金融服务产品并销售给客户。服务部对客户进行服务交付，按照服务区域又分成 5 个子部门。如果有任何新的项目需求，销售部或服务部会向 PMO 提交。这里的 PMO 比较特殊，和业内的 PMO 不是一个概念，它不是一个 IT 部门，而属于业务一方。PMO 统一管理所有的项目，然后再转包给 IT 部门。我们与 PMO 的关系是有点尴尬的，他们是半业务半 IT 的角色，部分人员也有一定的 IT 背景，他们一直以项目的甲方身份存在，不让我们直接接触销售部和服务部这样的系统最终用户，他们负责书写需求文档，但大多数情况下，我们不能直接根据需求文档进行开发，依然有大量的需求分析工作需要 IT 部门跟进。他们也喜欢插手 IT 部门的估

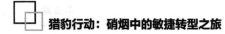

算和解决方案。这和她以前就职的公司很不一样，在那些公司，IT 部门直接面对最终系统用户。"

王章提到："既然 PMO 要做甲方，那让他们当 PO 好了，这样 IT 部门只需要面对一个部门，而不是几个部门。"

思文回应道："如果有那么简单就好了，可惜他们又不愿意承担 PO 的角色，不会帮其他部门做决策。我也能明白他们的难处，销售部和各区域的服务部的利益点是不一样的，他们有各自的项目请求，在优先级上不能达成统一意见，而且手上都拿着预算，PMO 和 IT 部门必须同时满足多方的请求。"

因此，当王章向思文提起要为业务部门开展敏捷培训时，思文提醒道："培训可以做，但是更有效的方法还是能先在某些领域开展试点，用榜样来感化。"

本章知识点小结：

- 敏捷与 DevOps 工具集（JIRA、Confluence、Nexus、Jenkins、SonarQube、Ansible）；

- 团队共创工作坊——找出 DevOps 改进点；

- DevOps 时间——挖掘改进时间和资源；

- 前置时间（Lead Time）与周期时间（Cycle Time）。

第4章
发现礁石——新项目首战败北

李俊接到他进入盛远以来第一个全权负责的新项目。PMO 总监关杰派赵亮负责这个项目。思文也让王章介入这个项目，看看能否尝试敏捷开发。

项目代号为"信鸽"，目标是实现基金报表的自动化发送和自助查询。目前服务部需要人工生成各种基金报表，然后通过电子邮件发送给投资者，工作量大，容易出错。这个项目可以实现系统自动生成报表和发送电子邮件给投资者，并提供自助查询界面供投资者查询过往的报表，节约服务部人力并消除人为错误。

王章找到李俊和赵亮讨论在这个项目尝试敏捷开发的想法，他们两人口头上都表示支持："可以试试"。赵亮虽然不是 IT 部门的，但以前也是 IT 出身，对敏捷开发还是有所了解的。李俊参加王章的培训后，也对敏捷开发没有那么排斥了。

由 PMO、IT 部门销售部和服务部的相关业务人员构成的项目工作组成立，赵亮负责制定项目计划和撰写需求文档，李俊负责制定交付计划和系统交付，所有需求澄清、进度汇报和沟通需要通过赵亮主持的每周一次的项目工作组例会进行。

在 IT 部门介入前，关杰已经和销售部、服务部约定这个项目要在 8 个月内上线。赵亮和李俊过了一次草拟的需求文档后，要求他确认交付日期。李俊有点不满，他们定这个日期的时候，并没有征求 IT 部门的意见。但赵亮解释道："由于有人为错误的风险，有违集团的内部审计要求，所以必须在年内解决。"

对李俊的挑战是，一方面他对基金业务还不是很熟悉，对项目的一些具体需求不是很理解，团队内其他成员个个忙得不可开交，他很难从中抽出人手来和他一起做项目的具体工作；另一方面，这个项目有预算，可以聘请一个临时合同制程序员来做开发，但是什么时候能招到人，他现在也说不准。不过作为一个计划高手，他还是做了一份基于一些假设的详细交付计划给了赵亮。

王章一直要求赵亮对需求文档进行拆分，实现需求条目化，避免一次性澄清和消化所有需求的低效，然后把项目工作组例会转换成 Scrum 的 Sprint 计划与评审会议，通过迭代让开发可以更早开始。

赵亮以 IT 部门还没有请到人尚未能开工为由继续我行我素，沿用老模式，花了 2 个月时间来完善整份需求文档。

李俊对赵亮的需求文档不满意，认为基于这样的信息，基本上只是划定了范围，即使程序员到岗也无法立即开工。他听其他人说，IT 部门对 PMO 最不满的就是两点：

（1）经常不和 IT 部门商量就定了交付日期；

（2）需求文档质量不高。

他对招聘进度也很抓狂，优秀的短期合同制程序员非常难找，两个月过去了还是"颗粒无收"，因此他也认为在这个阶段搞迭代是"巧妇难为无米之炊"。最后，他只能退而求其次请了一个仅有一年工作经验、编程能力非常一般的程序员。待他到岗的时候，仅剩下 5 个月的时间了。

王章再次约谈赵亮，要求他拆分需求文档，赵亮回应道："需求文档已经完成，只差其他业务部门签署了。签署后，就是 IT 部门的事情了，我们只掐进度，有什么需要跟业务沟通的我们可以帮忙。"

王章也找了李俊，看他能否和赵亮一起把需求文档拆了然后进行迭代设计和开发。

李俊认为："在需求上花的时间已经不少，业务需要明确知道我们能否在截止日期前上线，现在更重要的是要求他们尽快签署需求文档，我这边好调整计划并尽快把外部设计文档做出来让他们评审。迭代的话，他们会觉得看不到项目怎样走下去。"

王章不同意："你我都清楚这样的长期计划其实是不靠谱的，我们要花很多精力来不断调整计划和沟通。通过 Scrum，我们可以在每个 Sprint 和他们一起规划做哪些部分，可以在 JIRA 上建立可视板。他们完全可以看到我们的具体进度如何、遇到什么问题，然后共同商讨下一步怎么走，而不是像现在这样只能汇报整个项目完成了百分之多少。就像思文说的，软件开发不是一个线性过程，百分之多少一点意义都没有。有些时候，为了不让业务担忧，我们不得不粉饰进度，导致风险堆积到后期，积重难返。"

李俊回应道："我当然理解你的意思，但有一点我没想明白，如果只是把一个项目的开发截断成若干个所谓的迭代，但最后还是要把它们堆在一起测试和上线，那和一次性设计与开发又有什么区别呢？"

这个问题一下把王章也问倒了。诚然，他也看过赵亮的需求文档，里面也确实由很多条目组成，但是每个条目就是一个功能。仅仅按此拆分的话，几乎没有可以独立开发、测试和上线的交付。也许这也是赵亮一直不愿意做拆分的原因，对他来说，拆分出来的东西没有业务价值。如果一个项目是以 Water-Scrum-Fall 的形式进行，也就是前期的需求、设计和后期的测试是瀑布的过程，仅仅是开发阶段采用了拆分和迭代，那么它能带来的效益确实很有限，尽管这是很多声称在实施敏捷的项目团队正在做的。由于他对业务和系统不熟悉，他也没有能力完全消化需求，并把它们转换成可以独立交付的用户故事。

李俊基于当前的情况重新做了交付计划，如果需求没有变更且程序员争气的话，还是能赶上进度的。

于是项目还是以瀑布模式进行：需求文档的完成和签署花了3 个月，李俊计划花 1 个月完成外部设计文档，2 个月开发，1 个

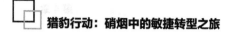

月系统测试，1 个月用户验收测试，然后上线，勉强能追上 8 个月的截止日期。

但现实往往是残酷的。

李俊加班加点花了 2 周时间按照已签署的需求文档完成外部设计文档后，把文档发给了项目工作组业务方成员审阅，他本来想约他们就外部设计文档单独开几次解读会议，以加快审阅进程并尽快得到签署，但被他们以忙为由拒绝了，解读只能在每周一次的项目工作组例会上进行。审阅了外部设计文档后，他们才发现原来的需求并非他们想要的，提出了很多修改意见，导致一方面赵亮要根据他们的意见修改需求文档，一方面李俊要相应地修改外部设计文档。最终，外部设计文档的确认与签署已经是 2 个月后的事情了。

到此为止，5 个月过去了，开发才正式开始，离截止日期只有 3 个月时间了。幸好新招的程序员已经到岗 1 个多月，李俊已经让他了解了基本的业务知识和系统。但由于他对业务的理解还是存在困难，编程水平也有限，开发进度比计划要慢，花了 3 个月才算勉强完成，已经踩了 8 个月的截止日期。

业务部给了赵亮很大的压力，赵亮也只能把压力转嫁给李俊，李俊只好把系统测试和用户验收测试压缩到一个月内完成，哪些功能完成了系统测试立即通知用户进行测试。

但是系统测试的情况非常不理想，冒出一堆问题，因为时间紧迫，很多问题流入了用户验收测试，导致测试进程非常缓慢，用户也不时提出一些新的想法。

关杰在高层会议上就项目的进度和质量问题向思文发难。

思文提出所有用户发现的缺陷要记录在 JIRA 上，并让王章帮忙在 JIRA 上建立可视板。李俊和赵亮开每日例会，围绕着发现的缺陷来讨论优先级并决定当天应该修复哪些缺陷。

尽管这一步走得太晚，但起码双方终于可以坐下来面对具体的问题了。

上线日期不可避免地一拖再拖，业务更加不满。幸好赵亮现在清楚每天的状况，他能帮忙挡住来自业务的一些压力。

屋漏偏逢连夜雨，为"信鸽"临时聘请的程序员的合同到期了，李俊需要从团队内另外抽调人手来接棒。在延期 3 个月后，经过赵亮与业务的沟通，他们同意让系统带病上线，边运行边修复。

王章也对自己非常不满意，由于他一直没有想好这个项目如何拆分进而迭代，项目的敏捷转型一直被搁置。其实际开发过程依然是瀑布方式，也遭遇了所有瀑布方式会遇到的问题。

他总结在面对一个具体项目时，不会把项目拆分成用户故事，就无法敏捷起来！真正的敏捷开发必须是基于用户故事的开发

过程。

思文约谈了李俊和王章，主要探讨"信鸽"敏捷转型失败的原因以及其他项目的机会。

思文问："关杰和赵亮是什么态度？"

王章回应说："他们表面上说支持，但是具体行事上并没有任何改变。"

李俊补充道："不过我们也有责任。其实我和王章讨论过，当时我们确实也没有想到如何把赵亮的需求文档拆分成用户故事，因为我俩对业务还不是太熟悉，不知道怎么拆才能更快地得到最早可测试产品。"

王章说："后来我们觉得按照报表来拆应该可以，每个报表是一个独立的交付。第一份开发完的报表便是最早可测试产品，可以立即让业务测试和反馈，这应该是头 3 个月内能做到的。"

思文问："关杰他们非常熟悉业务，如果他们能有这样的思路，也许有帮助。"

王章说："是的，但是传统的需求不是这样写的，我们要教他们一些具体技能。"

思文问："比方说？"

王章回答道："在这个领域有两本很好的书，分别是《用户故事地图》①和《用户故事与敏捷方法》②，它们介绍了定义敏捷用户故事的具体方法，非常实用。"

思文说："很好，我们能不能组织关于用户故事的专题工作坊，面向我们的业务分析师（BA），我也会邀请关杰的人参加。"

王章说："好，我来准备一下，不过我的经验是这样的工作坊要搞一天时间。"

思文说："没问题，我来协调。"

思文约了关杰，关杰继续倒苦水："项目的用户验收测试非常不理想，最后延期了3个月，现在还有很多 Bug 要修复，你说服务部能满意吗？艾伦都跟我投诉过好几次了。"艾伦是服务部的总监，也是"信鸽"的项目投资人。

思文说："李俊和王章觉得如果这个项目能按照一个个报表来拆成若干个用户故事，然后选最常用的那份报表先开发给业务测

---

① 作者：Jeff Patton，译者：李涛、向振东，出版社：清华大学出版社。本书以用户故事地图为主题，强调以合作沟通的方式来全面理解用户需求，涉及的主题包括怎么以故事地图的方式来讲用户需求，如何分解和优化需求，如何通过团队协同工作的方式来积极吸取经验教训，从中洞察用户的需求，开发真正有价值的、小而美的产品和服务。

② 作者：Mike Cohn，译者：石永超、张博超，出版社：清华大学出版社。该书详细介绍用户故事与敏捷开发方法的结合，诠释了用户故事的重要价值，用户故事的实践过程，良好用户故事编写准则，如何搜集和整理用户故事，如何排列用户故事的优先级，进而澄清真正适合用户需求的、有价值的功能需求。

试，这样就可以很快获得他们的反馈，从而使大部分问题更早地暴露，不至于在项目后期变得那么被动。比如，我们有申购交易确认函、赎回交易确认函、转换交易确认函、现金分红报告、红利再投资报告、月度基金报告等，这里每一份报表就是一个用户故事，每份报表要支持定时发布和手动发布，还可以自定义报表，这些因素都是用户故事进一步拆分的依据。我们将定时发布申购交易确认函作为第一个用户故事来开发，你们也不再需要在一开始花 2 ～ 3 个月完善整份需求文档，只需要把这个用户故事的细节落实好。按照李俊的说法，3 个月内他们就能把它开发出来，就可以给艾伦的团队测试了。对业务来说，虽然只是一份报表，但是已经可以测试整个业务流程了。"

关杰不解道："你也说了，定时发布申购交易确认函其实已经几乎覆盖了整个业务流程，也就是说差不多把整个项目都开发出来了，那和我们原来的模式有什么区别？"

思文回应道："第一个用户故事开发周期确实是最长的。由于大部分报表的业务流程都差不多，它的开发确实涉及了大部分功能点，但这是对业务有价值的最小单位，也方便业务部测试和验收。而且它为其他用户故事打下了基础，我们通过早交付、早测试、早验收把产品的方向确定了下来，其他用户故事的交付将非常快。从时间上来看，按照原来的模式，我们要花几个月来细化所有需求，但是按照新的模式，这几个月下来，我们已经有交付了。而且我们都知道，就算业务签署了需求文档和外部设计，在用户验收测试一定会提出很多新的需求，因为他们在这个时候才见到成品，才知道自己想要什么，所以我们一定要把这个过程提前。"

关杰说："既然这样，为什么当初不这么干？"

思文说："我们当初确实也没想到可以这样拆分需求。你应该记得王章一开始就和你们讨论过我们想在这个项目试行敏捷，但没能落实下来。如果我们简单地把需求文档按功能点拆分，其实单个功能点的完成并没有什么业务价值，艾伦他们也测试不了，算不上是交付。李俊和王章对我们的业务都不是很熟悉，所以他们当时没有想到更好的拆分方法。但我想在这个方面我们应该合作，你们是业务专家。"

关杰说："其实敏捷的好处我们都理解，但我们需要知道我们承担什么角色和具体怎么做。"

思文说："我们准备让王章组织几场关于用户故事的专题工作坊，欢迎你们参加。"

关杰说："那敢情好。"

就这样，思文"哄"了关杰上道。

经过两周的筹备，第一期用户故事的专题工作坊开展了，IT部门和PMO各派了6个人参加，关杰和李俊也亲自参加。工作坊试验通过《用户故事地图》和《用户故事与敏捷方法》的方法来分别定义假想产品的用户故事。

所谓用户故事地图就是从左至右按时间顺序罗列用户行为（也就是流程的每一步），在每个用户行为从上至下地罗列相应的细节，包括所需要的开发点，从而构成一张二维的"地图"。基于这张地图，还可以对每个开发点的业务价值进行审视，找出最小可用产品（MVP）并制订发布计划。

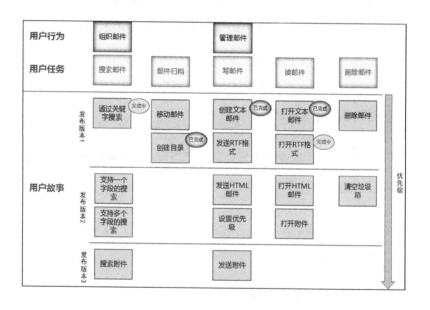

王章把学员分成 3 个小组，每组 4 个人。

王章说："每组都有一张白板纸和多叠报事贴，大家把白板纸横放，在上方 1/5 的位置画一条横线。现在我们来想象一个场景，我相信大家的家里一定有很多闲置物品，有些闲置物品可能到你下次搬家才会重新被发现。因此，我想开发一个记录家里所有物品的手机 App,每当买了新的物品,我就在 App 里登记一下,这样当我需要某件物品时可以先查询家里是不是已经有了。每一组都想想自己作为一个用户,当你使用这款 App 时,你会有什么行为,把每一个行为以'做什么'(Do Something)的格式写在一张报事贴上,字写大一点,确保大家在远处也能看到。然后按时间或逻辑顺序把报事贴从左到右贴在横线上方。"

各小组开始讨论。关杰和李俊的小组罗列了"登记""查询"和"维护"这 3 个行为,并从左到右贴在白板纸的横线上方。旁边的小组还想到了闲置物品可能需要"处置",比如转卖到二手市场、出租或借给别人。也有小组想到了安全问题,需要登录才能使用。更有甚者考虑到了"处置"带来的财务统计需求。

王章让每个小组都把自己的白板纸贴到墙上,并让他们选代表宣讲自己小组的成果。

王章强调:"从左到右罗列的是用户行为,不是系统行为。因此,综合大家的意见,我们来确定用户行为有'登记''查询''维护''处置''登录'和'做账'。好,有了这一系列用户行为,大家把自己那组的白板纸先取回到桌面上,现在我们要头脑风暴一下,为了支持每一个用户行为,我们还需要哪些具体步骤,包括系统需要做什么?我们把它们统称为'细节',同样以'做什么'的格式。大家还是用报事贴,每张写一个细节。"

各组想到的细节都差不多。现在每组都有一张二维的地图。

关杰和李俊的小组的地图如下：

登记	查询	维护	处置	登录	做账
手工录入	显示列表	修改	出售	认证	显示总价值
扫描条形码	搜索	删除	租赁		显示回报
			借出		

王章小结道："好了，大家都很棒，我们产品的整体规划已经完成。地图中的所有细节，其实就是用户故事，这已经是用户故事地图的半成品，接下来我们会对用户故事进行排序，进而定义整个产品的发布计划。"

他停顿了一下，继续说："下面我们来做一个游戏。请每个学员想一下，自己每天上班出门前，从闹钟响睁开眼睛那一刻到出门，一共要做多少件事情，刷牙和洗脸算是两件事情。每个人用报事贴分别把每一件事情都写下来。然后按时间顺序从左到右贴出来。"

大家忙活了一会，都完成了。王章把李俊请了出来，让他说说他的情况。

李俊把他的报事贴按时间顺序贴了出来，并依次读出来：

1. 关闹钟；

2. 去洗手间；

3. 刷牙;

4. 洗脸;

5. 梳头;

6. 喝水;

7. 开电视;

8. 吃早餐;

9. 漱口;

10. 去洗手间;

11. 换衣服;

12. 剃胡子;

13. 检查书包;

14. 穿鞋子。

王章问李俊:"你会不会觉得惊讶,原来自己每天早上出门要干那么多事情。"

李俊点头道:"是啊,我相信我老婆要翻倍。"

王章笑着问现场:"有没有哪个女学员说说自己要做多少事情?"

一个女学员说："我要做 25 件！"

王章对李俊说："好，这是你的一个正常早上的行为，通常你从醒来到出门需要多少时间？"

李俊说："大概半小时吧。"

王章说："好。我们来假设一种情况，某天早上你的闹钟没有响，当你醒来时候，你发现你必须在 10 分钟内出门，否则就要迟到了，你会保留哪些事情？请把不需要的帖子拿掉。"

李俊仅保留了以下几条：

1．去洗手间；

2．刷牙；

3．洗脸；

4．梳头；

5．换衣服；

6．穿鞋子。

大家都惊讶了。王章总结道："谢谢李俊。我们看到，同样是为了出门上班这个目标，我们可以做 14 件事情，也可以只做 6 件事情。后者就是我想在今天下午和大家不断强调的'最小可用产品’，英文是 Minimal Viable Product, MVP。下面大家回顾一下各自的地图，梳理一下每个用户故事的优先级，设想一下如果我们要在一周内做出 MVP，我们会做哪些用户故事。"

关杰和李俊的小组积极讨论。他们认为在"登记"里面，可以先做"手工录入"，而"扫描条形码"算是高级特性，一开始没有也没有关系。"查询"中，"显示列表"是必需的，"搜索"可以暂不提供。"维护"里，有了"删除"就可通过删除和手工录入暂时替代"修改"。至于"处置""登录"和"做账"，显然不需要一开始就有，而且也不是一周能做出来的东西。于是他们调整了地图，如下：

	登记	查询	维护	处置	登录	做账
MVP	手工录入	显示列表	删除			

王章听完关杰他们的介绍后，说："很好。我来再强调一下为什么要定义 MVP：

- 首先，开发一个功能所需要的时间与成本总是超出预期的；
- 其次，需求是需要验证的假设，通过 MVP 可以快速实验，通过最小成本验证需求假设是否成立；
- 最后，MVP 是从整个业务角度来找出一个既能实现相同业务目标、IT 成本又最小的方法来快速启动新业务。

"我来举个例子。如果我们要开一家提供网上订餐外送服务的餐厅。最完美的解决方案是，开发一个自助网站，让客户可以自己登录、订餐、支付，然后订单能够自动进入厨房。制作完成后，通过订单的地址将餐交付给客户。但要做这样的网站IT部门需要3个月的时间，而我们想把这个生意尽快做起来，最好能在半个月以内（很短的交付期限）完成。IT部门的答复是半个月只能做一个静态的网站，把我们提供的菜式的图片展示出来。我们考虑过后，认为这样也可行，只要把我们的订餐热线电话也显示在网站上即可。这样客户可以通过热线来订餐。我们的生意就可以在半个月之内运作起来，而IT部门也不再是开业的一个障碍，我们可以用最短的时间、最小的成本去验证这个商业模式是否可行。这个网站就是最小可用产品（MVP）。而这里审视的是整个商业模式，不光是IT功能。对于我们的餐厅而言，更重要的是这样的外送服务模式是否可行和菜品是否受欢迎。

"这里对我们的启示是，我们应该和业务部一起去通过用户故事地图等方法重新审视整个业务模式如何能够在期限内运作起来，所需要的最小可用产品是什么？我们必须面对的事实是，IT部门开发一个功能所需要的时间和成本往往超过预期，因此不应该把业务模式的运行寄望在IT部门把所有原来设想的功能都实现的基础上，尽量使IT部门开发不要成为整个业务模式在限定期限内运作起来的障碍。通过打造MVP，让业务模式运作起来，然后再做持续改善，不断完善产品。"

王章接着说："定义了 MVP 相当于制定了产品的第一个发布版本的范围。我们可以为其余的用户故事制定后续的发布计划。就拿关杰他们的那张地图为例，我们可以计划一次性发布其余所有的用户故事，也可以把每一个用户故事作为一次发布实现持续交付，因为它们都彼此独立。

	登记	查询	维护	处置	登录	做账
MVP	手工录入	显示列表	删除			
发布版本2	扫描条形码	搜索	修改	出售	认证	显示总价值
				出租		显示回报
				借出		

"这样，我们便有了产品的整体规划，包括需要涵盖哪些用户行为，每个用户行为需要实现哪些细节，最小可用产品是什么，发布计划是怎样的。它也解决了单维列表缺乏全局视角导致容易迷失在细节而失去产品方向的问题。我们这个例子只有一个用户，我们知道很多产品都会有很多用户，其上下游系统也是用户。对于这样的系统，我们可以为每一个用户定义用户故事地图。

"在大家的用户故事地图中，每个细节即用户故事都是'做什么'的短语，显然这不足以完全表达该用户故事的具体需求。在敏捷里面有一个 3C 原则，分别代表 Card、Conversation 和

Confirmation。地图里的只是 Card，确定了发布计划后，我们就要和 PO 围绕当前发布计划中的每一张 Card 聊具体需求，这是 Conversation 的过程，并且确定其验收条件作为 Confirmation。

"在制定发布计划时，我们应该遵循'刚刚好'（Good Enough）、'更好'（Better）和'最好'（Best）的演进原则。"王章又抛出一个问题："大家都听说过'豆瓣'吧，如果我们现在来做一个电影'豆瓣'，所谓'刚刚好'的 MVP 是什么？"

大家七嘴八舌地议论着，一个学员回答道："最开始可以只提供电影资料的查询，相当于一个电影数据库，方便用户查询电影介绍。"

王章表示肯定，继续问："那'更好'的版本呢？"

李俊回答道："那就是评分和评论了。"

王章继续问："更进一步呢？"

关杰抢答道："可以做社交，阿里都想做社交，这碗饭没道理不抢。"

"很好！"王章兴奋地说，"看来大家都理解了原则。好，我们来看看另一种方法，叫用户故事切分。"

他展现了下面的内容：

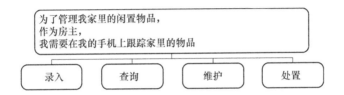

他说："我们的产品围绕一个大故事——'为了管理我家里的闲置物品，作为房主，我需要在我的手机上跟踪家里的物品'，它可以延伸出 4 个'史诗故事'（Epic），分别是'录入''查询''维护'和'处置'。大家想想，针对'录入'这个 Epic，我们能不能把它进一步拆分。"

"能。"大家异口同声地回答道。

李俊说道："之前我们通过用户故事地图就定义了'手动录入'和'条形码录入'两个故事。"

"是的。"王章回应道，"我们通过用户故事拆分，可以得到更小的用户故事。

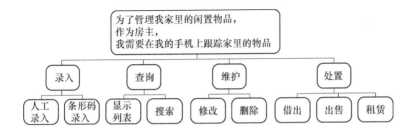

"这里有些故事其实还可以进行进一步拆分，大家想想'搜索'能不能再拆成更薄的故事？尽量使每个切分出来的故事最小化。"

各组积极讨论，得出以下答案：

- 按物品名称精确搜索；
- 按物品名称模糊搜索；
- 按物品分类搜索；
- 按物品折旧时间搜索。

"很好。"王章说道："通过用户故事拆分，我们可以把一个相对较大和复杂的用户故事拆分成更小的故事，从而缩短交付时间，更早地交付部分有业务价值的用户故事。但要注意切分的方向，比如如果一个用户故事涉及前端和后端开发，切勿按照我们习惯的前端和后端来切分，因为这是开发任务，不是用户故事，不可以单独交付实现业务价值。

"好了，今天的工作坊到此为止，希望大家回去可以拿自己曾经做过或手头上的项目或产品来套用今天学到的两个方法来实验一下，今后可以学以致用。"

工作坊后，王章和关杰、李俊立马回顾工作坊的实用性。关杰问道："我们有这些工具，为什么在'信鸽'开始的时候没有用上？"

王章解释道："我们需要有人承当 PO 的角色，和 IT 部门一起来进行工作坊才行，我当时希望赵亮当 PO，不过他当时解释具体需求要由艾伦来决定。"

李俊说道：“其实 PO 是不是一定要是一个人呢？我们的组织比较复杂，不可能有一个这样的超人能做所有决定。”

王章说：“在业界有几种说法，有建议是一个人的，《用户故事地图》则提出 PO 应该是一个协调人，他负责组织工作坊把关键干系人组织起来，一起定义用户故事。”

关杰看了看表，说：“好，以后找机会试试。”

王章问：“‘热带雨林’？”

李俊表示怀疑：“‘热带雨林’太重要了，干系人也非常多，拿来做实验风险可能太高了。我们还是看看能不能在一些干系人较少的小项目做试点吧。”

大家都表示同意。

本章知识点小结：

- 把项目拆分成用户故事是实施敏捷的基础；

- 用户故事地图；

- 最小可用产品（MVP）；

- 用户故事拆分。

第 5 章
与敏捷的初恋故事

虽然"信鸽"的敏捷转型不成功，但通过回顾以及参加工作坊，王章总算和关杰、李俊达成了一些共识。在离开办公室的路上，他回忆起自己与敏捷的"初恋故事"。

十年前，王章还是单身，他被介绍和一个女孩子相识。晚饭后，他约了那个女孩一起散步。女孩问他是做什么职业的，他说是做 IT 的，女孩说她也有朋友是做 IT 的，在游戏行业，听说他们用什么极限编程^①的方法。

"极限编程？"王章的心思停留在了这 4 个字上。以前，他在浏览一些 IT 网站的时候，也看到过这 4 个字，但当时并没有特别留意，也没有深入了解过，看字面意思，好像很"牛仔"，他听过极限运动，不善运动的他感觉自己跟"极限"二字完全无缘。但他也不知道为什么此刻突然对它产生了浓厚的兴趣。

第二天，他花了很多时间搜索有关"极限编程"的文章，并找到了极限编程提出者 Kent Beck 的著作《解析极限编程》(*Extreme Programming Explained*)，花了一个周末的时间啃完了 200 多页的文字。王章被完全震撼了。从事软件开发已经 8 个年头，他从来没有想过原来这个事情可以这样玩！

当时王章还在他的前东家做软件项目经理，那段时间，他刚刚完成一个让他备受打击的项目。

---

① 极限编程英文为 Extreme Programming，简称 XP。

这个项目起步于 10 个月之前。公司的大量业务需要客户填写纸质表单申请，然后把收集的表单扫描成图片，上传到系统再由各个部门的业务操作员根据图片内容把信息录入到系统中，才可以启动后面的业务处理流程。由于收集到的表单涉及各种业务，公司设立了像邮局那样的部门人工地把表单按照业务分拣到各个纸箱里，然后送到相应的业务部门扫描录入。由于人工分拣的效率有限，每个业务部门的扫描仪的扫描速度也不高，限制了公司的业务处理能力。公司决定采购一台大型高速扫描仪，集中扫描所有业务的表单，然后通过表单上的条形码或表单结构自动识别其业务类型，并把图片发送到相应部门的录入系统中，这样既可节约人工分拣和分别扫描的人力，又可大大提升业务处理能力。

这个项目的派送系统——代号为"邮差"的开发交给了王章。"邮差"需要根据扫描仪识别出来的关键信息，把图片派送到各个部门的录入系统中。这看起来很简单，其实不然。由于一些特殊的业务需要以及为了减少人工录入的信息量，每台旧扫描仪的处理程序中都嵌入了一些定制逻辑。业务部门对新系统的要求就是"以前有什么现在就要有什么"，这可真是世界上最恐怖的需求，因为没有人能告诉你"过去有什么"，一方面不可能所有过去的需求都有文档记录，另一方面人员是流动的，包括业务部门和 IT 部门，一些关键信息已经由于人员的流动而流失。这造成的结果是，大部分需求不可能通过业务人员的需求文档来获得，而在传统的瀑布模型下，IT 部门必须获得完整的、明确的需求方能进行后续的设计和开发，否则额外开销巨大，因此 IT 部门需要花更多的时间去挖掘需求，但是项目的上线时间一般不会变，这等于压缩后续的开发时间。

当时公司的惯例是，因为知道业务部门通常都会在用户验收测试阶段改需求或提出新需求，所以会把需求阶段的时间和用户验收测试阶段的时间拉得特别长，而把开发时间压得特别短。

当时的项目计划是需求 2 个月、外部设计 1 个月、开发 7 个星期、系统测试 2 个星期以及用户验收测试 3 个月。用户验收测试的开始日期往往就是开发的截止日期。

结果，项目组花了 3 个月依然没有收集到所有需求，开发只能草草开始，而且设计、开发和系统测试被压缩在 2 个月内完成。由于需求不到位且开发、测试时间被压缩，系统带病进入用户验收测试，质量差叠加用户发现很多原始需求和他们真正想要的东西并不匹配，用户验收测试非常不顺利，项目被迫延期上线。

项目上线后也一直问题不断。王章很清楚地记得，为了修复系统的一个重大故障，他错过了期待已久的北京奥运会开幕式直播，一直苦干到凌晨。走出办公室的那一刹那，他长叹了一口气，有种想哭的感觉。在这个全民狂欢的夏夜，他感受到的只有深深的挫败感和凉意。他不明白，自己和团队为这个项目如此努力，为什么换来的却是这样令人沮丧的结果，到底是自己还不够努力，还是能力不足，不适合吃这行饭呢？

也许这正是阅读《解析极限编程》对他触动那么深的原因。他发现在传统开发模式里，有很多矛盾甚至是打不开的死结，都可以通过极限编程迎刃而解。极限编程提出的很多理念，彻底颠覆了多年来在传统瀑布模式下形成的很多思维模式。他迫不及待地想要在自己的团队实践，正好手头上有一个新的小项目要开工，他要和团队来一次"极限编程"。

周一，他把从《解析极限编程》读到的知识点整理成 PPT 并和小伙伴们开了一次宣讲会，标题为"有没有另一种方法开发软件？"他希望他们能像他一样受到洗礼和感到兴奋，并愿意一起尝试新的方法。

他提到："《解析极限编程》的副标题是'拥抱变化'（Embrace Changes）。一直以来，我们追求的是确定和完整的需求，而实践已经告诉我们无数次，这是几乎不存在的假设。我相信，在'邮差'项目里，即使再多花 3 个月时间在需求上，结果也不会更好。而且花在需求上的时间越多，所剩的开发时间就越少，我们需要更早地开始开发，而不是更晚。

"经验也告诉我们，用户在用户验收测试时改需求是完全不可避免的，这也是过去我们与业务的最大矛盾。与其惧怕和回避，不如直面和拥抱。软件开发唯一不变的就是需求会不断变化，极限编程因此应运而生。"

接着，他向大伙详细介绍了极限编程的 12 个具体实践，具体如下。

计划游戏（Planning Game）——与传统模式在一开始规划整个项目的所有细节不同，需求会变化，导致整体计划也会变化，而每次变更整体计划都是巨大的额外开销。即使没有需求变更，这样的详细计划也常常是无效的。我们怎么可能预知未来数月甚至一两年内，有谁会突然请长假或离职，从而导致整个计划作废呢？极限编程主张把整个项目拆分成从几天到几个星期的若干个迭代，把需求拆分成一个个独立的用户故事，放在 Backlog 里。在每个迭代开始时，用户对用户故事进行排序，然后交付团队通过估算确定哪些用户故事可以在这个迭代里开发。永远只对当前迭代进行计划，因为用户可能随时提出新的需求，产生的新用户故事放到后面的迭代中。

小型发布（Small Release）——每个迭代后，所开发的用户故事都可以发布或展示给用户，获取反馈，用户甚至可以提出新的用户故事放在后面的迭代中。

现场客户（Onsite Customer）——用户应该和交付团队始终在一起，持续参与到项目中，阐明用户故事的具体需求和用户故事优先级，给与交付团队及时的反馈。

测试驱动开发（Test Driven Development, TDD）——传统的做法是先编程再测试，这样测试的思路一定会多多少少受到编程的影响。极限编程主张在编程前就根据用户故事的需求写好测试，

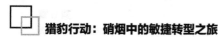

通过测试来验证编程代码是否满足需求。如果可能，测试应该是自动化的，为此，Kent Beck 为 Java 开发贡献了强大且简单的自动化单元测试框架 JUnit[①]（其他主流语言也有相应的 xUnit 框架）。当我们为每一个用户故事都准备了自动化测试时，并可以一次性执行所有的自动化测试时，这些测试便为系统构造了一个"安全网"，它们是系统内部质量的基石。因为当你再次添加或修改代码时，只要运行一下所有测试，便知道这些变更是否破坏了原来的功能。这些测试虽然未必是反映系统质量的充分条件，但一定是必要条件——失败则代表有问题。对于程序员来说，由于自动化测试不需要手动执行，他们也愿意把所有想到的测试用例写入测试，以增强对程序的信心。

持续集成（Continuous Integration）——传统的做法是开发完成所有需求后才一次性集成，这带来了巨大的风险。两个齿轮间尚且需要磨合，一次性把所有齿轮放在一起，几乎不可能配合工作。因此，集成应该更频繁，最好每天甚至每次有代码提交时就集成一次。集成包括编译、运行所有自动化测试、打包等，尽早暴露问题并及时修复问题，防微杜渐。团队每天都应该监测持续集成的结果并维护持续集成的成果。

重构（Refactoring）——不改变功能和外部行为而优化代码的可读性、质量和性能一直是程序员想做但不敢做的事情。有了

---

① JUnit 是一个 Java 语言的单元测试框架。它由 Kent Beck 和 Erich Gamma 建立，逐渐成为源于 Kent Beck 的 sUnit 的 xUnit 家族中最为成功的一个。JUnit 有它自己的 JUnit 扩展生态圈。多数 Java 的开发环境都已经集成了 JUnit 作为单元测试的工具。

自动化测试和持续集成，重构便有了强大的保障，一旦重构后出现测试失败，便立即回滚代码。

代码集体所有权（Collective Code Ownership）——在自动化测试和持续集成的保障下，任何人都可以对代码进行重构。

简单设计（Simple Design）——传统的设计要求有前瞻性，要充分考虑今后的扩展性，但是这会为系统设计带来复杂性。一个定律是，越简单的东西，越不容易出错；越复杂的东西，越容易出错。当原来的需求出现变更时，为原始需求埋下的复杂设计不但不会为虚无的未来带来收益，还直接影响了当下的开发效率和质量，过度设计是软件开发的几大罪行之一。因此，极限编程提出简单设计，永远只为当前要做的需求进行最简单的设计，"You Aren't Going To Need It（YAGNI）——你并不需要它！"不要为了程序的可扩展性，把目前不需要的功能加入软件。如果设计确实不能满足需要，在自动化测试和持续集成的保障下，完全可以通过重构来解决。

结对编程（Pair Programming）——传统的事后代码评审（Review）在效率和效果上都存在问题，尤其在单元测试是手动的情况下，到底是写完代码做完单元测试后再给另一个人评审，还是评审完再做单元测试呢？若为前者一旦评审结果是要修改代码，单元测试就要重做；若为后者，评审的那一段没有测试过的代码可能并非最终提交的代码。事后评审的另一个问题在于对做评审的人的自觉性也有很高的要求，做评审是一个挺无聊的过程，不是每个人都会认真做，导致结果有效性存疑。因此，极限编程主张两个人结对在同一台计算机前来完成编程，一次性完成编程与评审。这个过程其实包含两个人对设计、测试以及编程的讨论，确保这几个过程都要共同讨论。然后配合自动化单元测试，完美解决事后评审的效率和效果问题。

每周只工作 40 小时（40-hour Week）——没有人不喜欢这条！开发是一个脑力工作过程，前一天加班势必导致后一天的效率低下，得不偿失。通过计划游戏和小型发布，我们会让现场客户持续看到成果。

系统隐喻（System Metaphor）——记录用户故事需求时，用交付团队和客户都能理解的语言编写。

编码规范（Code Standards）——有一套整个团队都认可的规范。在结对编程、重构和集体所有权等实践中都应落实这些规范。

这就是极限编程的 12 大实践，我们可以看到，它们是一个有机整体，互相配合、相得益彰。计划游戏和小型发布确保开发可以更早开始和迭代式的持续交付。现场客户和系统隐喻确保客户和交付团队都明白在做什么。代码规范、结对编程、测试驱动和持续集成确保了简单设计、重构和集体代码所有权的可行性。

极限编程有 5 个核心价值：沟通（Communication）、简单（Simplicity）、反馈（Feedback）、勇气（Courage）和谦逊（Modesty）。与传统的重文档、重过程的方法不同，它更强调面对面沟通、简化设计与实践、面对当下以及避免重复和浪费。

王章结束了他的宣讲，他立即收集每个人的反馈。大家的接受程度并不一样，不过都表示既然传统的开发模式并不是一个让人愉悦的过程，何不实验一下新的方法。

他也和上司交流了想法，上司从来没有听说过敏捷开发和极限编程，也不相信这个世界上有什么神奇的方法。通过王章的只言片语，他也不觉得新的方法要比严谨的传统模式靠谱，新的方法甚至有点离经叛道的感觉。而且当时公司在做CMMI[①]认证，对项目方法和文档有非常严格和具体的要求，无论如何，必须满足SEPG[②]的要求，协助公司顺利拿到 CMMI 认证。不过，他最后还是鼓励王章可以在新项目里试一下，毕竟它很小，出了问题要修正也比较容易，算是给了"绿灯"。

新的项目是为美国的一个业务部门实现一些定制化需求，代号为"US Flow"，项目周期只有 6 周。业务已经给了需求文档，但因为对王章的团队来说这是一个新的业务，他们对需求的消化有一定的困难。

① CMMI 全称是 Capability Maturity Model Integration，即能力成熟度模型集成，是美国国防部的一个设想。它是在 1994 年由美国国防部（United States Department of Defense）与卡内基 - 梅隆大学（Carnegie-Mellon University）下的软件工程研究中心（Software Engineering Institute，SEISM）以及美国国防工业协会（National Defense Industrial Association）共同开发和研制的。这些组织计划把现在所有现存实施的与即将被发展出来的各种能力成熟度模型集成到一个框架中去，申请此认证的前提条件是该企业具有有效的软件企业认定证书。
② SEPG 英语全称为 Software Engineering Process Group，即软件工程过程小组。SEPG 通常在需要做 CMMI 认证的企业内部定义符合 CMMI 原则的软件工程过程并审查交付团队是否满足过程要求。

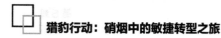

　　王章决定把团队成员按照极限编程所需要的角色来分配，一个业务分析员（BA）、两个程序员和一个测试人员。由于需要用英语和美国的业务人员进行沟通，王章选择了英语比较好、善沟通的 Amy 来当 BA；编程能力最好的 Tom 和 Johnson 做程序员；没有什么编程能力但英语好的海归 Jacky 来做测试。

　　他们把需求文档的功能点罗列了出来，变成用户故事，放入 Backlog 中，当时用的是一个简单的 Excel 表格。以一个星期为迭代周期，每周的开始，他们会约业务人员开一次计划会议，让业务人员对用户故事进行排序。王章和团队根据排序大致估算了一下哪些用户故事可以放入当前迭代。

　　王章向上司要了一块白板，放在团队前方、所有人都能看到的地方，然后在上面画了 3 条竖线，顶端的标题分别是"待办""开发中"和"完成"。然后把用户故事的标题分别写在报事贴上，按照业务的排序贴在"待办"一列。

　　每天早上，他们开工前的第一件事就是围在白板前开每日站会，每个人汇报昨天做了什么、今天将做什么以及昨天遇到什么问题，他们也会据此移动白板中的报事贴以反映真实的进度。

　　对于昨天遇到的问题，王章会用红笔记录在白板空白处。他不建议大家在每日站会上直接讨论这些问题的细节，他要确保这个会议的时间足够短，具体的问题可在会后与相关成员去谈，或者在会上指定人员会后跟进。由于问题被醒目地记录在白板上，在第二天的站会中他们还会回顾这些问题的进度，直到解决了才抹去。

王章发现白板是一个非常简单、直观和高效的信息发布器。过去他们习惯把各种代办事项或问题记录在 Excel 中，但这相当于把东西放在箱底，当大家想起来再翻出它们的时候，已经为时已晚。

白板和每日站会确保他们每天都能暴露问题并及时解决问题。一个问题越早解决，成本越低。

由于业务人员在美国，不可能有现场客户，因此，负责 BA 的 Amy 充当了这个代理角色。她保持与业务人员的联系，收集团队对需求的问题并负责解惑。

负责测试的 Jacky 持续地为每一个在迭代计划内的用户故事写集成测试用例。一旦程序员完成了某个用户故事的开发，他便立即对其进行测试，反馈结果。虽然这个过程还是手动的，但由于他是全职的，有充分的时间保障，确保了交付的质量。

Tom 和 Johnson 结对负责开发，包括设计、编写自动化单元测试和写功能代码。因为每个人每天都需要一些"私人时间"，而且持续结对也是一个比较累的过程。王章建议每天的结对时间不超过 6 小时，固定在上午 10：00 ～ 12：00 和下午 15：00 ～ 17：00，期间可以有短暂的休息时间。有了固定的时间后，王章便可以通知其他同事不要在这两个时间段打扰他俩，从而保证了他们可以保持专注，确保进度。有时王章也会参与结对，这样编程经验最资深的他可以把一些理念传递给他们，他们也会互相影响，从而形成共同的规范。王章也相信这一招对于"师傅带徒弟"那样的新人培训会非常有效。

王章用 Hubson[①] 搭了一台持续集成服务器。每天晚上，服务器会定时从代码版本控制器中拉取所有的代码，然后编译、执行所有的自动化单元测试并生成报告，这样在第二天的站会前，团队就可以看到集成结果了。如果出现集成失败，王章会在站会上要求 Tom 和 Johnson 修复好后才开始新的用户故事开发，确保已完成部分的质量。

一周过去后，他们和业务部门的相关人员开了一次展示会议，把他们在这一周开发的成果展示给业务人员看，并收集反馈。通过展示，业务人员发现了一些原始需求需要修改，并提出了一些新的需求。王章表示欣然接受，并整理成用户故事放入 Backlog 中，让业务人员重新排序。王章也提示业务人员可以就已完成的部分进行用户验收测试，有任何问题都可以立即向他们反馈。随后，团队开始了第二周的开发。

从这一周开始，除了新的用户故事开发外，团队还需要修复用户验收测试中发现的缺陷，这些缺陷也会被定义为高优先级的用户故事。为了确保这两条线的进度，Tom 负责新用户故事开发，并与王章结对；Johnson 负责优先修复缺陷，如果缺陷修复完了，

---

① Hudson 是 Jenkins 的前身，是基于 Java 开发的一种持续集成工具。

Johnson 会继续和 Tom 结对进行新的用户故事开发，把王章释放出来。

3 周以后，业务人员要求的开发已经全部完成。这一次，团队信心满满，因为他们已经给业务人员展示了 3 次，也满足了业务人员的各种需求变更，并及时让业务人员同步开展了用户验收测试，加上自动化单元测试、持续集成和 Jacky 的集成测试，所有问题已经及时暴露并修复。一周后业务人员完成了全部用户验收测试，项目圆满完成，比计划提早了 2 周。王章随即收集业务人员对项目的反馈，收到了评价极高的感谢信。

"非常感谢你们，和你们合作非常愉快。我们想特别指出两点：

1. 持续的沟通和展示让我们能一直看到进展和成果，我们可以及时给出意见并修正；
2. 我们提出的任何需求变更都得到了满足，我们获得了想要的产品！"

王章非常高兴，他和团队分享了这封感谢信，也顺带征求了大家的意见。

Amy 说："就像业务人员所说的，他们满意的两点也正是我们得意的地方。我们与业务人员的关系不再像过去那样剑拔弩张，而是彼此信任和配合，并很享受这样的过程。而且，以前的开发越到后期压力越大，但这次却是前紧后松，到第三周用户故事甚至填不满迭代，并提早完成了整个项目，这在以前是完全不可想象的。"

Jacky 说："虽然没有参与编程，但觉得自己的价值也非常重要，是在为 Tom 和 Johnson 保驾护航。如果我这部分也能自动化就好了，可以减少很多重复的工作。我要看看集成测试是不是也可以自动化。"

Tom 说："一开始我对结对编程和测试驱动也很不习惯，坦白说，当初你逼我们这样干的时候，我内心是抗拒的。但是一旦习惯了以后，效率和信心确实大大提升了，我想这将成为我的新习惯。"

Johnson 说："一开始我觉得自动化测试很神奇，结果我花了半天时间就完全掌握了 JUnit，它真是一个简单又强大的工具。一个测试，无非就是给定一个输入，设想它的期待结果，然后执行程序看看其真实结果是否与期待结果一致。通过 JUnit，我们可以把输入、执行以及期待结果比对写成程序，并让电脑运行马上告诉我们结果。每当我看到绿色结果 ① 时，我不再像过去那样对自己的程序那么忐忑不安，相反，我相信 80% 的质量问题已经在这一刻被解决了，我喜欢这样的即时反馈给我的自信。而且，由于执行全部由计算机完成，我想到一个新的测试用例就可以马上添

———————
① JUnit 通过绿色表示测试通过，红色表示测试失败，灰色表示测试被忽略。

加到测试中，从而进一步增强信心。这个新的技能我一定会坚持
下去！"

王章被"邮差"重重打击的信心终于回来了。从此他走上了
极限编程和敏捷开发的"不归路"。

项目很小，成功"躲过"了 SEPG 的法眼。不过王章还是安
排团队在"节约"下来的两周补充了项目所需要的各种文档，而
且团队比过去更乐意做这件事情，因为一切需求已经尘埃落定，
不会再有变更，这意味着所有的文档不需要重复修改，不会有重
复劳动。这些文档也是项目的遗产，对今后的维护有价值。

顺便提一句，在那个他和敏捷开发擦出火花的夜晚后，因为
眼缘不合，他没有再和那个女孩见过面。

本章知识点小结：

- 极限编程及其 12 个实践。

第6章

发现新大陆——初识看板

一天，李俊找到了王章，说："在我的团队里，由于'热带雨林'最重要而且掌握着最多的预算，有一半的人手现在都分配到了'热带雨林'项目里。但是由于和客户的很多条款还在谈判中，IT部门的具体事务并不多。另一边，系统维护、服务部关心的新客户的定制化开发和流程优化项目的交付压力很大。我知道Scrum比较适合有专属团队的纯开发项目，对这些既有维护又有很多独立的小型开发的项目，有没有更好的方法呢？"

王章说："你有没有看到公司里现在竖起了很多白板？"

李俊说："是的，那不是Scrum里面的进度板吗？"

王章说："看起来很像，但其实是不同的东西。敏捷和精益里面，还有一种方法叫看板方法。"

李俊说："那看板和进度板有什么区别呢？"

王章说："'看板'是日语，字面意思好像就是一块进度板，但其实可视化进度仅仅是它其中的一个功能。

"看板方法来源于丰田生产系统。传统的生产模式是，销售人员每年对各种产品做销售预测，采购、零配件生产、装配等工序都根据销售预测来安排资源和计划。但是销售预测不可能准确，会导致产能不足或过剩。另外，供应商、生产、装配、检验每道工序的产能可能不一样，会导致半成品堆积在某些工序。这两种情况都会产生库存。在传统的看法中，库存被视为资产，但在精益眼里，库存就是浪费。在这个过程中，需求由销售预测驱动，半成品是一个从上游往下游'推'的过程，上游并不关心下游的产能。丰田生产系统的方向正好相反，当有订单发生时，下游依次从上游拉入半成品，确保半成品和库存最小化。这里的重点是形成一个基于拉动的计划系统。后来有人把这套理念引入了软件开发。软件领域中的看板方法包含3个原则：

（1）进度可视化；

（2）限制在制品（Work-in-progress, WIP）；

（3）观察和改善流动。

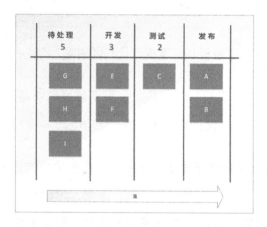

"进度可视化，除了可以使进度让所有人看到外，还可以识别整个交付从左到右的各道工序哪里是瓶颈。堆积最多卡片的那道工序就是瓶颈，识别瓶颈是流程改善的关键。根据约束理论[1]，一切瓶颈以外的改善都是徒劳的。

"限制在制品是我认为看板方法里最重要的原则，传统的管理方法不考虑下游的交付能力，一味把请求往下推。一个请求，只有所有工序都完成并交付到客户那里，其价值才能得到体现。大量在制品堆积会导致优先级迷失和任务切换，任务切换又会导致效率低下，降低交付速度。根据每道工序的交付能力限制在制品可以减少切换，确保每个请求更快地完成，实现价值。限制在制品实现了拉动式的计划系统——只有下游有闲置产能才从上游拉入新的请求，避免在制品堆积。

"通过这两个原则，我们观察整个过程的价值流动情况来识别瓶颈，持续改善。"

李俊问："听起来和 Scrum 挺不一样的。"

王章说："是的，Scrum 来自敏捷开发，看板来自精益。两者既有差异又有相通的地方。我提到看板是限制在制品的，其实 Scrum 也是，只不过方式不同。Scrum 限制在制品的方式是通过 Sprint 计划会议限制每个 Sprint 放入的用户故事。看板则是在每道交付工序中限制并行任务数量。

---

[1] 约束理论（Theory of Constraints, TOC）由以色列物理学家、企业管理顾问 Dr. EliyahuM. Goldratt 提出，他著有《目标》一书。TOC 就是关于进行改进和如何最好地实施这些改进的一套管理理念和管理原则，可以帮助企业识别出在实现目标的过程中存在着哪些制约因素—— TOC 称之为"约束"，并进一步指出如何实施必要的改进措施来一一消除这些约束，从而更有效地实现企业目标。

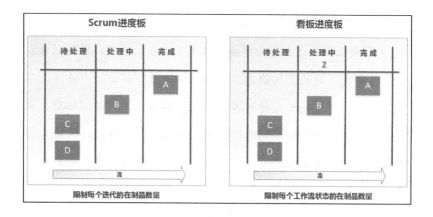

"原则上，在 Scrum 里，不建议在 Sprint 中间加入新的用户故事。但在看板里，任何时候都可以把新的请求放入 Backlog 中并排序，团队有闲置产能时便把优先级最高的请求拉入进程中。

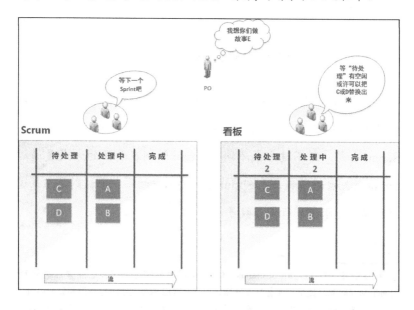

"在 Scrum 里，一个用户故事的大小必须是能在一个 Sprint 内

能完成的。看板由于跟时间无关，所以没有这个限制，它只关注
并行任务数量。

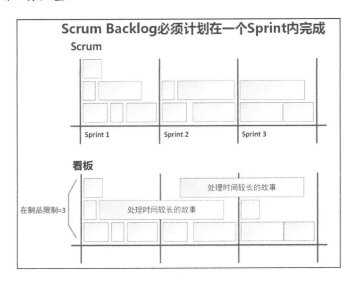

"两者相通的地方有：

- 都基于敏捷与精益的原则，追求价值，消除浪费；
- 都是基于拉动的计划系统；
- 都限制在制品；
- 都通过透明化来获取快速反馈；
- 都聚焦于更早和更频繁地交付软件；
- 都需要把大需求拆分成小故事。"

王章接着说："在方法的选择上，正如你所说的，有专属团队
的纯开发项目，需要稳定的交付节奏的项目，适合用 Scrum；需

要跨项目、跨团队合作的，一人分饰多角的，维护类型的项目，适合用看板。"

王章从自己的计算机中翻出了一个比较图。他继续说："从落地的角度看，看板方法最简单，也较容易融入现有模式。"

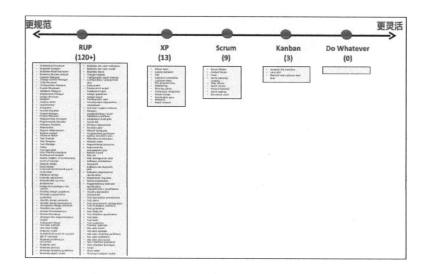

李俊说："看来可以在我们的系统维护、新客户的定制化开发以及流程优化项目中试一下，目前'热带雨林'以外的人员都在忙这一块。看到周围竖了那么多看板，我也不能落后，上次思文都在敲打我了。"

王章说："你也不必介怀。说实在的，虽然竖起了那么多白板，但很多团队并没有真的在落实看板方法。有些团队的白板竖起来以后，上面的卡片就没有移动过，他们也没有围着白板开每日例会，也就是说白板上的进度早就过时了，就是个摆设。有些团队没有限制在制品，本质上还是采用推动（Push）的计划方式，没有实现拉动（Pull），那仅仅是一块进度板，并不是看板。我觉得大家在理解和执行上，还需要加强。

"我建议你还是利用 JIRA。JIRA 对看板的支持非常好，可以按需定义看板的范围、外观、限制在制品数量、泳道、卡片的外观等，非常灵活。现在每个团队都分配了一台电视机，每天我们可以安排团队围着电视机对着 JIRA 看板来开每日例会，你也可以随时查看看板的情况来判断团队分配是否合理，以及整个交付过程的瓶颈在哪里。

"顺便提一句，在观察看板时，我们要关注的是有没有空闲的任务，而不是有没有空闲的人员。传统的管理思维只关注是不是所有人都在忙碌，但如果人不是忙在最有价值的事情上，也是浪费。"

李俊说："好，谢谢你的建议。不过 JIRA 我还不是很会用，能教教我怎样创建看板吗？"

王章说："可以啊，我们去你的座位吧。"

两人来到李俊的座位上，王章打开了 JIRA，说："在 JIRA 的顶端有一个 Agile 或 Board 的按钮，单击它可以调出可视板管理菜单，在这里也能看到最近打开过的可视板。

"在可视板功能里，我们可以根据所采用的敏捷方法，选择建立 Scrum 可视板还是看板可视板。

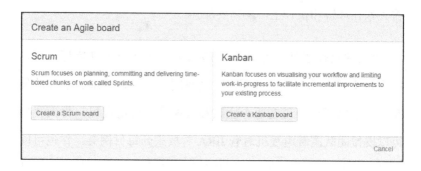

"我们既可以建立新的可视板，也可以复制（Copy）一个已有的可视板进行修改。

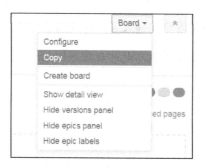

"在可视板配置界面中，我们可以通过筛选（Filter）功能来定义板的涵盖范围。这个范围可以非常灵活，既可以是一个 JIRA 项目中满足某些条件的 Issue（JIRA 中所有条目统称为 Issue，我们可以自由地定义 Issue 的类型，如史诗故事 Epic、用户故事 Story、开发任务 Sub-task 等），也可以是几个 JIRA 项目的组合。JIRA 的筛选功能非常强大，复杂的筛选条件可以通过编写 JQL（JIRA 中类似 SQL 的语法）来实现。

"确定板的范围后，在 Ranking 的属性中单击'Add Rank'或 'Using Rank'按钮，便可在板中通过拖动来实现优先级排序的功能。

"可视板最重要的功能是进度可视化，因此我们可以按照自己的需要来定义板的外观，包括要切分多少个竖列以及各种 Issue 状

态需要分配到哪个竖列中。每个竖列代表一道工序或一个角色需要完成的子任务。为了限制在制品，我们应该根据每个竖列所对应的工序或角色的交付能力来设定最大和最小并行任务数。设置好后，JIRA 会根据在该竖列中实际并行任务数是否在限定以外来提示我们。

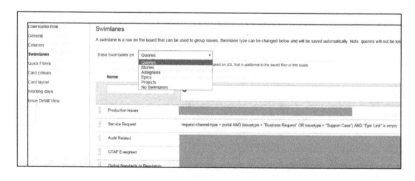

　　"当一个可视板的范围比较大，里面涵盖的 Issue 数量和类型比较多时，我们还可以在板中建立横向的'泳道'来把 Issue 进行分组显示，以提高管理效率。'泳道'的切分依据可以是被分配人、Epic 或自定义条件。"

　　最后，他们定义了下面的看板：

李俊称赞道："嗯，很方便、很直观。过去我要花很多时间来做进度报表，看来以后直接看看板就可以了。"

王章说："是的，我们还可以将 Confluence 与 JIRA 结合起来，建立实时报表给业务人员看。"

李俊说："哦，是吗？我还不是很会用 Confluence，平时只是用它来记录一些项目的信息。"

王章说："Confluence 也相当强大，由于和 JIRA 来自同一家公司，它们相互结合，更是相得益彰。只要把某个 JIRA Issue 的链接地址贴到 Confluence 页面里，该 Issue 的标题和实时状态就会自动显示在 Confluence 页面中。"

Breakdown

Story	Priority	JIRA Link
Application health monitoring	10	☑ -157 - Application health monitoring OPEN
Configuration center	20	☑ -158 - Configuration center OPEN
Log indexing	30	☑ -159 - Log indexing OPEN
Application Deployment	40	☑ -160 - Build application deployment framework OPEN

"通过这两大利器，我们还可以轻松构建实时的报告和仪表盘。像这里，可以在 Confluence 中把整个 JIRA 列表引入，列表的内容可以通过 JQL 灵活设定。"

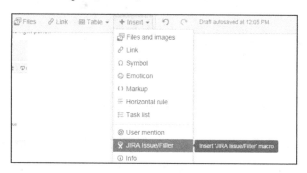

"我们也可以把列表转换为图表，从而建立可视化很强的仪表盘。"王章最后补充说。

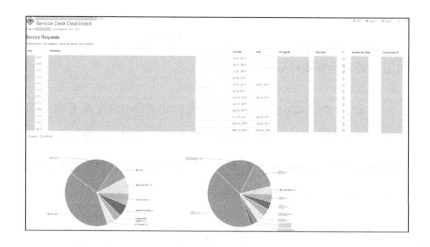

李俊说："好极了，看来以后我不再需要花费很多时间来手动整理这些信息了。谢谢你，王章，今天真的学到了很多东西。"

本章知识点小结：

- 看板方法；

- 看板方法与 Scrum 的区别；

- JIRA 和 Confluence 的使用与结合。

第 7 章

小舟探路——试验田初见成效

李俊开始用 JIRA 的看板来观察新客户的定制化开发和流程优化项目（即常规开发）的情况。

他觉得目前在这一块存在以下几个问题。

- 缺乏透明度——现在的模式是，关杰的 PMO 会收集所有来自服务部的需求，然后每个月召集销售部总监史强、服务部总监艾伦和李俊召开优先级会议。尽管艾伦有决定这些需求的优先级的权力，但是他并没有很好地和各地的服务部分享优先级排序的结果，关杰也没有把结果共享出来，导致提出需求的业务人员总是直接催促 IT 人员。他们不满提交的需求很长时间都得不到答复，也不知道到底有没有人在处理以及处理到哪一步了。
- 交付周期长——目前 IT 部门的开发周期也比较长，平均需要 1 ～ 2 个月，整个交付周期需要 3 ～ 4 个月。而有些需求 IT 部门已经做完了系统测试，业务部门却迟迟不做用户验收测试，被拖上好几个月。
- 反馈周期长——交付周期长，加上需求和用户验收测试是由 PMO 作为中间人来传递信息的，这拉长了反馈环。

李俊约了思文和王章聊。王章认为可以从简化与业务的关系、拆分需求和缩短反馈环 3 点入手。他问："你觉得如果没有 PMO 做中间人，IT 人员直接和提出需求的业务人员沟通可行吗？"

李俊说："从能力上说，我对团队有把握，就是不知道关杰愿不愿意放手。"

思文说："关杰现在要忙'热带雨林'，人手也很紧张，可以拿这个做借口让他放手。但我们自己要准备好，不能因此把事情搞砸，给人口实。"

李俊说："我有信心。"

思文说："那好。"

王章问："常规开发应该都是些小需求，为什么需要 3～4 个月才能交付呢？开发时间需要 1～2 个月，好像也比较长。"

李俊说："那些需求看起来很小，但其实里面涵盖的内容却可以很多。比方说一个需求里面其实含有 5 份报表的开发。"

王章问："我们现在是怎么做的？"

李俊说："我们会一次性对这 5 份报表进行需求分析，写外部设计文档并要求业务人员确认和签署，然后一次性开发所有报表并发布到测试环境让业务人员验收。"

王章问："那我们可不可以把需求拆分成 5 个独立的交付，并让业务人员对它们进行排序，然后我们先对最重要的那份报表进行开发并将其交付到测试环境让业务人员体验和反馈呢？"

李俊说："可以的，因为报表本身是彼此独立的。不过报表之间有一些可以共用的功能，在开发第一份报表时会涵盖这些部分，因此它的耗时会比较长。"

王章回应道："但是其他几份报表的开发将会很快。而且从第一份报表获取的业务反馈也能确保其他报表的正确性。业务人员要看到实物才能知道自己的真实需求。"

李俊说："嗯，这是个思路。按照现在的模式，整个过程需要差不多 3 个月，过程烦琐，反馈慢。如果验收过程出现需求变化，由于变更成本高，我们通常都会回绝，或者要求业务人员把需求变化的部分作为新的请求提交，重新排队。

"我想，通过新的模式，我们可以更敏捷一点，如果业务人员对第一份报表有任何反馈意见我们都可以及时修改，直到满足最终需求、达到可上线状态为止，交付时间缩短到 2 ~ 3 周。整个需求可以变成 5 个独立的交付，从而实现持续交付。"

思文说："很好，报表开发占常规开发的比重很大。我们还要看看其他类型的开发能否用同样的套路。"

李俊说："这个可能要具体情况具体分析，不过我会贯彻这个思路。"

王章说："好，我小结一下：

（1）撇开 PMO 中间人角色，让 IT 人员与提出需求的业务人员直接沟通；

（2）切分需求，更快地交付其中最重要的需求并获取用户反馈，完全满足他们的反馈及相应的需求变更。"

李俊说："目前业务人员还有一点不满，就是他们看不到需求排到哪儿了和进度如何。JIRA 可以反映进度，但需求队列现在掌握在关杰那里，而且业务人员提交需求的流程也比较麻烦，他们需要写一份需求申请书，经过内部审批后提交到关杰那里，关杰通过一份 Excel 来维护。当我们开始开发时又要为它创建 JIRA Issue。整个过程需要简化并关联起来。"

王章说："让业务人员直接在 JIRA 上提交需求可行吗？"

李俊说："这当然最好啦，可以省却我们事后创建 Issue 的开销，业务人员也可以自己追踪他们的需求。不过又要教他们使用新的工具，我想不是所有人都会接受的。"

思文问："我也注意到在 JIRA 上新建 Issue 的界面比较复杂，有很多和业务不相关的字段，他们第一眼看到肯定会傻眼的。"

王章说："JIRA 有一个叫 Service Desk 的功能，可以自定义面向业务人员的简化易用的申请提交界面。提交者也可以看到自己提交的所有请求的状态。在请求完成时，提交者还可以对服务进行评分，形成一个闭环。"

李俊说："那很好啊，我想我们也可以把它用在系统维护上。现在业务人员都是发邮件给我们，请求容易遗漏，信息容易丢失，我们也需要安排专人来监控邮箱并新建 Issue 来跟踪。"

思文说："要推广新的流程，改变对方的习惯，我们最好做以下几件事：

（1）说明对对方的好处，比如请求可追溯；

（2）简化流程，我想 Service Desk 是个好方法；

（3）鼓励使用新流程，我们可以宣称通过 Service Desk 提交的请求将被优先处理。"

李俊说："还有一个问题，我们经常要就某个请求到底是 Bug 还是新需求打邮件仗。但是因为系统维护和常规开发的预算是分开的，所以我们需要把这两者分得很清楚。"

王章说："但对于业务人员来说，无论是 Bug 还是新需求，都是他们想解决的痛点。"

思文说："关于这一点我们的思路要再开阔一点，总体来说，不管这个预算属于哪个项目，都是业务部门的钱，我们的价值是解决问题。"

王章说："可不可以把系统维护和常规开发放在一起排队呢？现在常规开发的排队方式也有问题。史强其实是管销售和产品的，他并不掌管常规开发的预算，但却参与常规开发的优先级决策。艾伦是服务部的总监，算是管理常规开发优先级的正确人选。但是需求却来自各地的服务部，彼此面对的情况不一样，由艾伦一个人说了算公平吗？"

李俊说："艾伦掌管常规开发的预算，他有权话事。而且那是业务内部的问题，我们可管不了那么多。我们自己要管的事情都够多了。"

王章说："我想我们也可以从自身的角度来思考这个问题。就像你说的，是 Bug 还是新需求，有些时候比较难界定，花时间争吵这个问题其实是不必要的开销；不论是系统维护还是常规开发的请求，都是来自于各地的服务部，可不可以把排队权力留给各地，每个地区把该地区提出的系统维护和常规开发请求放在一起排一个队，我们也相应地提供专人负责某个地区的所有请求，把 IT 的队形和业务对应起来，提供一对一服务。"

李俊说："服务部一共有 5 个地区，这意味着我们起码要安排 5 个人，我们现在在这一块最多只能安排 4 个人，还要应付突如其来的新监管和审计需求。简单来说，我们既不够人手来支撑这样的模式，各地的请求量又不是均衡的。我觉得这个建议不太可行。"

思文说："不过要建立业务与 IT 组织间的映射关系是正确的思路，只是不应该仅限于服务部和 IT 部门，还要把销售、PMO 都纳入考虑范围。"

王章说："是的，要避免局部改善。不过这么复杂的业务组织，我还是第一次遇见，目前我确实没有更好的想法。"

思文说："不要紧，一步一步来。咱先搁置这个问题，把我们有共识的那几点落实好。李俊，你来小结一下。"

李俊说："好。总共有 3 点：

（1）IT 人员与提出需求的业务人员直接沟通；

（2）接收新需求时先切分，逐个交付；

（3）让业务人员直接在 JIRA Service Desk 提交请求。"

他接着说："我先和关杰打个招呼，然后和艾伦谈一下。"

思文说："好，这个事情就交给你了，我希望我们多一块敏捷试验田。"

李俊找到了关杰，不出思文所料，关杰对放手常规开发毫无异议，看来"热带雨林"真够他忙的。

艾伦也欢迎李俊的建议，并提议李俊安排一次宣讲会，给各地的服务部介绍新的流程。

李俊在王章的帮助下在 JIRA 上建好了 Service Desk，可以分别提交系统维护和常规开发的请求。

在宣讲会上，李俊向各地的服务部代表介绍了常规开发的"新交付方式"。

拥抱变化　　拆分　　改进服务　　简化流程　　透明可视化

他强调了以下几点变化。

1. 拥抱变化——适应任何需求变化以满足业务部门的最终需求。拆分原始需求并快速交付其中最重要的部分获取反馈并及时修改。

2. 拆分——把大的需求拆分成最小可交付需求来缩短交付时间和实现持续交付。

3. 简化流程——最终用户与 IT 工程师直接沟通，减少交接与签署，不再依赖繁文缛节的文档。业务部门可通过 JIRA Service Desk 直接提交需求。

4. 透明可视化——需求与细节都记录在 JIRA 上。通过看板可视化进度与阻碍。定期汇报。

5. 改进服务——上线后业务人员可为每个交付评分和反馈意见。

李俊还把原来接收系统维护请求邮件的信箱设了自动回复，引导业务通过 JIRA Service Desk 提交请求，并承诺 Service Desk

中的请求将被优先处理。

两周后，李俊接到一个新的监管需求，需要开发 3 份报送监管机构的新报表，时间比较紧，要在 3 个月内，也就是年底前交付。他把需求分配给团队里的张小鹏。小鹏看过后觉得需求蛮复杂的，他完全没有信心能在 3 个月内完成。

李俊想到了"新交付方式"，他问业务人员整个需求里面是否可以拆分，有哪些部分是必需的，哪些部分可以迟点交付。业务人员的答复是只有今年有预算做这个需求，由于接近年底，如果年底前不能全部交付的话，明年将不会有预算做剩下的部分了，所以他们坚持所有部分都要在年底前完成。

过了几天，小鹏提出了一个方案："我又认真消化了一次整个需求，整体来说有两个部分，一部分是新的 3 份报表，另一部分是有新的生成报表的筛选条件。前者的开发全部在后端，比较好做，我应该可以在 2 周内把其中 1 份报表做出来给他们测试；后者的开发有部分在前端，由于前端代码的结构不好，改起来会比较费劲，这里要花多少时间我现在不好把握。我想我们能不能先把报表做好了，让业务人员先验证报表内容是否正确，毕竟这应该是他们最关心的，然后再做筛选部分。在我看来，监管需要的是报表部分，新的筛选功能只是方便业务操作，没有那么急。"

李俊说："很好，我来跟他们谈谈。"

果不其然，业务人员同意了这个方案。

小鹏花了 7 天完成了其中 1 份报表的开发，并交给了业务人员测试。业务人员提了很多修改意见，其中有很多是新的需求。因为还有很多时间，在李俊的许可下，小鹏接受了所有的修改意见。经过两周的反复沟通、修改和测试，业务人员终于认可了这份报表。小鹏接着把剩下那 2 份报表完成，并把之前业务人员在第 1 份报表提出的新想法都涵盖了。因此验收测试也比较顺利，3 份报表的交付在 6 周内完成了。

由于还有很多其他的开发事务，经过与业务人员协商，李俊让小鹏暂时把筛选部分的需求放一放。后来业务人员不但没有再催促这个需求的完成，还在 1 个月后给李俊和小鹏发了一封感谢信，称赞他们及时完成了交付，帮助他们满足了新的监管要求。李俊也觉得很高兴，他没有想到原来看似不可拆分、不可妥协的监管需求原来也是可以通过拆分进行持续交付的。他和思文、王章分享了这个故事。

两个月后，思文转达了艾伦在一次高层会议中对"新交付方式"的肯定。

本章知识点小结：

- 简化与业务部门的关系、拆分需求和缩短反馈环；

- JIRA Service Desk。

第8章

重新编队——走向产品团队

"热带雨林"的商务谈判并没有预计的顺利，虽然关杰的团队已经在向客户了解需求了，但 IT 部门的具体介入还为时尚早。然而商务谈判需要确定上线日期，因此张丽会经常找李俊，要他基于现有的信息做估算和计划。

李俊也很头大。整个团队由于预算的原因，有一半人分配到了"热带雨林"，而基于目前的情况，只能做一些基础设施的准备和消化非常有限的需求信息做估算。另一边，系统维护、常规开发、不时冒出来的监管和审计需求导致另一半的人员忙得不可开交。还有早前通过工作坊制定的各个产品的 DevOps 改进计划，虽然有"DevOps 时间"，但落实的进度并不理想，一定程度上也影响了交付效率。

李俊和张丽商量："鉴于目前的情况，我想从'热带雨林'借调一些人手。"

张丽表示："从人员分配的角度看，我没有问题。但是借调出去的人不能以'热带雨林'的名义去做其他项目的事情，也就是说不能花'热带雨林'的预算，否则我很难向高层解释。其他项目有足够预算给你供养那么多人吗？"

李俊说："常规开发的预算很少，只能养 1 ～ 2 个人。监管需求有独立的预算，可以按需分配。审计需求要靠系统维护的预算来填补，目前系统维护还可以养 4 个人，我们只能从中'偷'些预算来应付一些常规开发。"

张丽说:"这个事情我管不着。我唯一的条件是一旦'热带雨林'可以开工,我的人要立即回来。"

李俊说:"这个一定。"

在思文召开的管理层会议上,李俊提出了一个问题:"目前我们的开发预算是按项目来分配的,因此作为成本的人员分配也只能根据项目预算来做。我听王章提过,DevOps 提倡人员最好是按产品来分配,这样可以使大家从项目思维转向产品思维,项目是短期的,产品才是长期的。要落实各项 DevOps 改进计划,实现持续交付,我们也需要以产品作为维护对象,有专属的团队持续对其进行改善。"

王章补充道:"是的,这也叫特性团队,负责某个产品或特性的端到端交付,不再依附于项目。这样也可以倒逼项目的需求条目化,因为产品小分队会交付来自所有项目的各种需求,这就要求每项需求都是独立的条目。"

思文问:"这样做的好处是什么?"

王章说:"有以下几个方面。

- 人员方面——每个人都有机会参与不同的项目,不再有人长期参与重要项目,有人只能负责系统维护,可以提升人员的工作热情和士气。

- DevOps 方面——从项目视角转化为产品视角，是 DevOps 进程的开端。每个产品小分队关注自己的产品，更易于进行持续的产品改进。
- 交付方面——更有效地安排人员以满足不同项目的需求。
- 敏捷方面——每个产品小分队可以管理自己的 Backlog 和迭代计划。
- 运维方面——每个人都有机会对生产环境做贡献，参与运维，实现'谁开发、谁维护'的原则。
- 职责方面——每个产品小分队的职责清晰，负责端到端交付，减少与中间人角色的交接。
- 技术方面——更利于进行架构重审与重构。"

李俊说："我喜欢'谁开发、谁维护'的提法。目前负责系统维护的同事特别惨，干着最苦最累、替人顶雷的活。"

张丽说："目前的开发预算都是按照项目来分配的，我看不到怎样能做到更有效地安排人员以满足不同项目的需求的方法。"

思文说："我以前的公司就是按产品来管理的，预算也是以产品为单位进行分配的。"

王章问："我们的预算分配制度可以改吗？"

思文说："这个我要和 CEO 谈，但可能很难一下子做这么大的改变。我在想李俊的团队是不是可以先做试点。目前最关键的还是要看能否提升交付效率，让业务部门看到好处。暂时不考虑预算的问题，我说过，不管这个预算来自哪里，最终都是业务部门的钱。"

李俊说："好，我和王章具体讨论一下。张丽，我想你的意见也很重要，毕竟'热带雨林'是我们的大'奶牛'。"

张丽说："我比较担心项目和产品小分队如何合作，项目需要人的时候能否及时要到，'热带雨林'可是有严格死线的。"

思文说："所以我也同意张丽要参与这个转型的具体讨论。"

李俊名下有 3 个 IT 产品，分别是：

- 金塔——核心交易系统；

- 信使——报表系统；

- 算盘——计费系统。

李俊和王章的思路是把现在按照项目分配的团队转换成 3 个产品小分队。每个团队有自己的 Backlog 和看板，各个项目的需求拆分成条目，按照开发所涉及的产品分配到各个产品小分队的 Backlog 中，由产品小分队根据需求条目的优先级和产能安排交付。

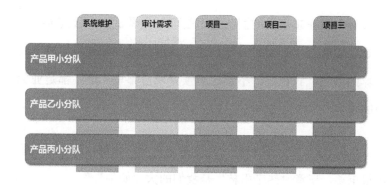

李俊和王章找到张丽聊这个思路。张丽依然表示担忧："我手上没兵没将的，怎么做这么大的项目？"

李俊说："我想对于'热带雨林'这么大规模的项目，你一定需要一些项目级的 BA。我们可以继续保留 2 个 BA 在项目上，职能上直接汇报给你。"

张丽说："如果项目 BA 只有 2 个人，不可能做好所有的需求分析。而且我想将来在分工上一定会有一些灰色地带，比如整体架构设计、解决方案、产品设计等，哪些事情该由项目组处理，哪些事情该由产品小分队处理？"

李俊说："嗯，你说的有道理。我想整体架构设计和解决方案要在项目层面决定，毕竟它涉及将来的交付需要分配到哪个产品小分队。这个事情如果放在产品小分队间来决定，可能会扯皮。产品设计、开发和系统测试则比较清晰，由产品小分队完成。"

王章补充说："产品小分队也要有 BA 能力。我们建立产品小分队，其中的一个目的是团队自治，实现产品级别的端到端交付。我们要考虑的原则有以下几点：

- 能否减少对外依赖；
- 能否提高沟通与交付效率，减少等待与交接；
- 能否自主决策；
- 能否可视化需求与依赖，并根据业务价值进行需求排序。"

李俊说："那我让技术最强、经验最丰富、有架构设计能力的李文杰做项目架构师。BA 能力最强的王洁也留给你，负责早期需求分析，和李文杰配合决定需求的产品分配。这样你就有一个项目架构师和项目 BA 了。"

张丽说："好吧，先这样吧。但你要答应我，'热带雨林'动真格的时候，各个产品小分队一定要全力以赴。"

李俊说："放心吧，大财神。'热带雨林'是明年大家的绩效目标。我们都是一条绳上的蚂蚱。"

在一对一面谈时，思文问到李俊产品小分队的进展，李俊说已经和张丽谈好了。思文同意要保留项目层面的团队给张丽，而且她提议分配一个项目的角色给王章，让他深入参与到项目的具体事务中，这样他可以更深刻地理解项目面对的具体问题并给出更切实可行的建议。李俊答应会和张丽、王章商量这个事情。

"我可以做这个项目的 Scrum Master。"王章说。

张丽问："Scrum Master 具体可以做什么？"

王章说："指导整个项目组以敏捷和 Scrum 的方式交付项目，主持各种敏捷会议，比如每日立会、Sprint 计划和评审会议、回顾会议等，帮助各交付团队扫除障碍。"

张丽说："这个项目有明确的合同规定范围和交付日期，延期是会被对方罚款的。我不知道能不能用敏捷的方法，也许在开发和系统测试的阶段可以，但从整个项目层面上来看，我需要预先计划和承诺。"

王章问："合同会写很细的需求吗？"

张丽说："当然不会。"

王章说："那么只是日期是死的，范围还是有弹性的，具体交付等要求我相信是可以斟酌的。"

张丽说："对面（PMO）可不会这么跟你谈。"

李俊赶紧缓和气氛："好了，我想在具体条款和需求都还不清晰的情况下，谈怎么做这个项目还为时过早。如果王章在项目中没有合适的位置，我想我可以在产品小分队那里安排。王章愿意做算盘产品小分队的队长吗？算盘是我们用 Java 自主开发的，也符合你的技术背景。目前团队的成员虽然技术不错，但都比较年轻，需要一个有团队管理经验的人带领。我自己负责金塔。张小鹏可以带信使。"

王章说："好啊，我喜欢和团队在一起做交付。"

就这样，李俊的团队以 3 个主要产品——金塔、信使和算盘分割成了 3 个产品小分队，除了两人分别以项目架构师和项目 BA 的角色分配到"热带雨林"外，其他人都不再直接依附于项目，按照其经验和技能被分别分配到各产品小分队中。

每个产品小分队都在 JIRA 上建了自己的 Backlog 和看板，所有项目的请求，包括系统维护、常规开发、监管需求、审计需求、"热带雨林"和其他小型开发项目都按照其涉及的产品自动分配到各个产品小分队。产品小分队按照优先级和各自的产能进行交付。有些交付会涉及两个以上的产品，由项目经理进行协调。

在接手算盘产品小分队后，王章在其看板上以项目为界限划分了 6 个泳道，并把各泳道的顺序按照项目间的优先级排列，这样整个团队对所有请求就有了清晰的鸟瞰图。他们还特意建了一个叫 DevOps 的泳道，所有改进点都显示在这个泳道里。

在每日站会中，他们都会围绕着这块看板讨论正在做的条目的交付情况和确定待处理请求的优先级。王章一直提醒大家对看板要从右往左看，而不是习惯性地从左往右看，这样可以先聚焦在制品，尽快把在制品完成。

王章还会不时在 JIRA 上观察看板的累积流图，识别瓶颈。

累积流图是在看板里使用的一个工具。它是一个面积图，强调用户故事或是需求数随时间而变化的程度，同时直观显示整体趋势走向。X 轴代表时间，Y 轴代表需求数量。我们可以用它来跟踪和预测项目的进展情况，也能借助这个图来识别潜在的问题和风险。

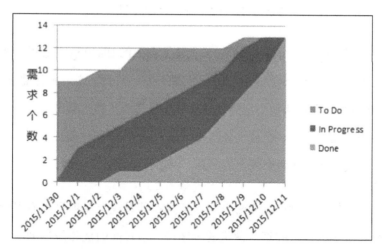

最理想的情况如上图所示，待处理（To Do）和处理中（In Progress）的面积被已完成（Done）逐渐取代。

利用累积流图能更快、更精准地定位到问题可能出现的环节，也能更好地预测后续的项目风险。

下面的例子中有需求、设计、开发、测试等项目活动。我们关注累积流图中每一种颜色区域的变化趋势（看是否有拓宽的趋势或增厚），来获取风险预警。

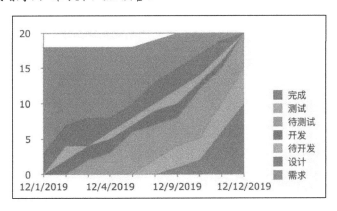

通过看板或累积流图，可以看到累积最多的是待处理请求和停留在用户验收测试的交付，恰如李俊所说的。这说明了两个情况：（1）团队的产能不足，导致大量请求在排队；（2）部分业务人员迟迟不对他们请求的需求进行验收测试，当初这些需求都是他们宣称急着要的，这说明有些时候，业务人员说的急并不是真的急。

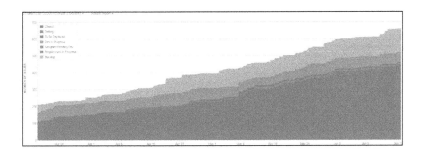

　　王章和李俊交流了这个问题，李俊说："产能不足是向来就有的问题，IT 实际配给人员相对于业务需求量来说是不够的。那些停留在用户验收测试的交付主要来自哪里？"

　　王章说："大部分是华南区服务团队的常规开发。"

　　李俊说："嗯，在金塔和信使中都有类似的情况，我会和艾伦聊聊这个问题。"

　　李俊约了艾伦喝咖啡。李俊首先询问了艾伦对"新交付方式"的反馈，艾伦表示肯定："我和各地的经理聊过，看起来是有改善的，起码他们能直接和具体帮他们做开发的工程师交流，也可以知道他们的请求到哪里了。过去他们就是睁眼瞎。"

　　李俊说："好，有什么需要改进的请及时告诉我。我想跟你说的事情是，我们通过看板看到有些请求，当初说很急，但是当我们开发完成了，这些请求却在用户验收测试阶段睡大觉，一躺就是好几个月。"

　　艾伦说："哦，是吗？能让我看看是哪些需求吗？"

　　李俊打开了随身的笔记本电脑，让艾伦逐一过目了那些长期停留在用户验收测试的交付。

　　李俊补充说："大部分是来自华南区的常规开发。"

　　艾伦说："我会跟华南区经理陈浩打个招呼。你可以直接找他，让他给你答复。我看到现在每个请求都有登记是谁提起的，这样追查起来很方便。"

李俊说："好，谢谢。"

陈浩直接给李俊打了电话，他了解了那些"停滞"的交付，并承诺会让相关业务人员尽快测试或撤销请求。他还提议他们之间每两周通一次电话，过一下华南区的交付情况，避免类似的事情再发生。

"算盘"是 5 年前公司开始自主开发的一个计算基金交易中各种费用和佣金的系统。它的开发语言是 Java，使用 Maven 作为代码管理，底层框架主要是 Spring 及其高级组件，数据库脚本采用 Flyway[①] 做版本管理，有前端和后端，主要业务功能是从核心基金交易系统"金塔"获取交易数据，计算每笔交易的费用和佣金，然后返回给金塔，填补金塔在这一块功能上的不足。由于是自主开发，该项目定制自由度大，业务人员为了给客户提供更有弹性的计算规则，填补市场空缺，不断提出新的需求。由于涉及计算，对精确性的要求非常高，业务人员经常对计算结果有疑问，造成系统维护的请求不断。

经过分析，目前算盘存在以下问题。

---

① Flyway 是独立于数据库的应用，管理并跟踪数据库变更的数据库版本管理工具。

- JUnit 自动化测试覆盖率大约为 50%，但是并没有很好地使用 Mock[1] 技术。不少测试是直接读取金塔的测试数据库，从而造成测试隔离度低并对环境有很高的依赖性，运行慢，难以移植。

- 没有常态化的代码评审机制，代码缺乏统一规范。

- 虽然 Jenkins 每天都在跑 CI[2]，但 CI 的结果长期不通过也没有人关心。上线前主要还是依赖手工测试。

- 代码维护在 Subversion 上，开发在 Trunk 上做，每次有新的用户验收测试开始时创建一个新的 Branch。由于 Trunk 上有大量已开发未测试的特性，需要手工把将要验收的特性代码移植到新的 Branch 中，又由于并不是所有进入用户验收测试的特性都会上线，准备上线时要另建一个新的 Branch 移植要上线的特性代码，造成上线的 Branch 并非用户测试过的 Branch，存在一定的风险。维护多个 Branch 也为测试和部署带来了麻烦。

基于以上原因，算盘尚不具备持续交付的条件。王章和团队分析了各种问题后，有了以下的计划。

---

[1] 单元测试的思路就是我们想在不涉及依赖关系的情况下测试代码。这种测试可以让你无视代码的依赖关系去测试代码的有效性。核心思想就是如果代码按设计正常工作，并且依赖关系也正常，那么它们应该会同时工作正常。因此提倡使用 Mock 技术来替代依赖，比如数据库、消息中间件、上游系统接口等。

[2] 即持续集成，Continuous Integration。

- JUnit 测试有历史问题，很难重构。目前只能先修复重要的失败测试并忽略不重要的失败测试，维持 CI 持续通过的结果。

- 引入 Sonar Qube 维持 JUnit 测试覆盖率只升不降的趋势。

- 新的代码必须采用测试驱动开发模式，有 JUnit 测试覆盖，而且要使用 Mock 技术确保测试的高隔离度和速度。

- 把代码从 Subversion 移植到 Github 上。由于原来的 Trunk 上有大量未测试代码，团队一致同意把它抛弃。用刚刚上线的 Branch 作为基线移植到 Github 的 master 上，并把 master 保护起来。合并到 master 的代码必须提交 Pull Request①，有人评审和批复后才能完成合并，从而确保 master 上的代码是全部经过评审的。

- 不再用 Branch 维护各个阶段和版本的代码，一直用 master 做开发、测试和上线，使用 Togglz② 框架实现特性开关，从而实现基于主干的开发。一旦有任何特性需要移除，通过特性开关来控制。

- 加上之前引入了 Ansible 以实现自动部署，上线周期从平均每月一次改进到每周一次。

---

① Pull Request 是 Github 的一个功能。
② 一个在 Java 代码上实现特性开关的开源框架。

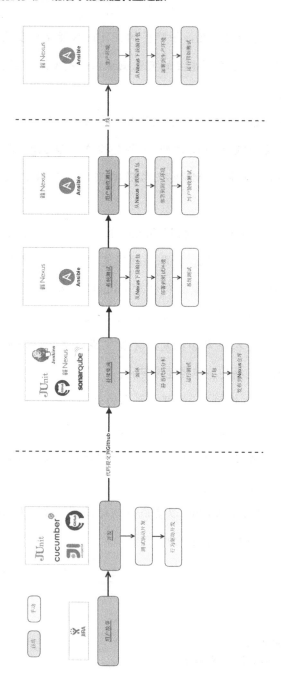

CI/CD[1] 流水线

[1] CD 即 Continuous Deployment，持续部署。

一个月后，思文再次向李俊过问产品小分队的情况，李俊说："我觉得基本上达到了我们的预期。我现在不再需要了为应付突如其来的项目需求，特别是监管和审计方面的而拆东墙补西墙了。

"过去在系统维护方面，金塔、信使和算盘都只能分别分配一个人来应付，风险很高，他们的压力也很大，万一有人请假或离职，影响都会非常大。现在有一个团队的人来看着一个产品，情况好多了。

"此外，王章的算盘团队的技术改进做得不错。因为都是自主开发，可以改善的空间比较多，他们现在已经建立了 CI/CD 流水线，并实现了基于主干的开发，在基础架构上已经为持续交付打下了基础。过去尽管有'DevOps 时间'，但由于大家都要忙各自的项目，进展很慢。现在产品小分队的机制使'DevOps 时间'更有保障。金塔和信使因为是基于第三方供应商的产品，技术改进空间不大。不过在王章的提议下，每个产品小分队每两周都会召开一次回顾会议，我们会让每个成员说一下这两周有哪些地方做得好，哪些地方可以做得更好，并通过 Confluence 把这些信息和行动计划记录下来，实现了持续改善。"

思文说："很好，我让王章向所有团队分享一下 CI/CD 流水线和基于主干的开发的经验。我希望这些好的具体实践可以遍地开花。"

本章知识点小结：

- 特性团队 / 产品小分队；

- 看板方法的累积流图；

- 基于产品的持续改进（CI/CD 流水线，基于主干的开发，特性开关）。

第9章

乘风破浪——敏捷大会的兴奋与困惑

猎豹行动：硝烟中的敏捷转型之旅

为期 3 天的全市敏捷大会即将召开，思文安排了 30 人参加，包括各团队主管和团队内的技术骨干与较资深的成员。

参加敏捷大会的同行一半来自互联网公司，一半来自像盛远这样的传统企业。

其中一个分享来自目前已经是国内几大电商之一的互联网公司。该公司起步于 3 年前，当时就是几个人的创业团队。对于初创企业来说，最重要的是快速开发出产品，把概念变成成品，快速抢占市场，获取用户和流量。在这个阶段，唯快不破，规范和流程显然不是当时考虑的事情。由于当时公司规模小，就是那几个初创人员，彼此沟通也非常容易，代码实践比较容易统一和配合。新版本上线也是一个比较随意的过程，任何人都可以执行。

公司的商业模式得到了市场验证，相当成功，从而进入快速成长期，规模也在快速增长。随着人员的增加，缺乏规范和流程的代码导致了代码库腐化和线上事故不断。公司开始建立各种规范和流程，开发和上线流程变得越来越复杂，交付周期也变得越来越长，开始难以满足对市场做出快速反应的需要。

通过全手工模式来满足各种规范和流程要求已经显得不可持续。尽管一直采用敏捷开发，但是交付流程右端的瓶颈凸显，开发团队和运维团队之间的矛盾也越来越大。因此交付团队开始思考如何引入各种自动化手段以及如何整合团队以在测试、部署、监控等方面提高效率和降低事故率，从而简化流程，进而实现

DevOps 的目标。

因此，即使是天然拥抱敏捷的互联网公司，随着公司处在不同阶段和规模，DevOps 也是一个曲折前行的过程。

某金融企业，是盛远的竞争对手之一，分享了一个敏捷转型的成功故事。一年前，该公司只有少数团队在试验敏捷开发，而且由于业务的缺位，基本处于 Water-Scrum-Fall 的模式，没有成功的端到端的敏捷案例。当时他们的销售团队需要一款新的销售管理系统，以取代那个被他们称为"史上最烂"的旧系统。

演讲者是他们的销售总监，他说他当时刚刚看完了《精益创业》，对书中提到的"最小可用产品""客户访谈"和"快速迭代"方法非常认可。他找到了 IT 团队，表示希望他们可以用敏捷开发的方法来开发这个新产品，他会担任 PO 的角色并一直和交付团队在一起。通过从销售部门获得的访谈结果，他们罗列了新产品的用户故事，并定义了最小可用产品。3 周后，最小可用产品开发了出来，PO 组织了销售部门对它进行体验和测试，收集到了大量反馈。PO 对反馈进行了整理，并与交付团队重新定义了用户故事和交付计划。由于旧系统实在太不好用，他和交付团队把对核心功能的用户体验的打磨放在首位，而不是急于开发更多的功能。通过每 3 周一次的迭代，产品不断完善，一些早期用户已经开始在新的产品上管理他们的销售数据。3 个月后，旧系统被完全取代，新的系统得到了销售部门的一致好评，他们纷纷表示终于从

IT 团队那里得到了大家想要的产品。作为 PO 的销售总监非常骄傲地说："这是一次完美的体验！"最后，他给大家的建议是"大胆假设、小步推进、快速行动！"

王章被这场演讲深深地打动了。有这样的 PO，对于交付团队来说简直是莫大的幸福。然而在现实中，这样的业务人员简直是凤毛麟角。

在盛远，业务组织如此复杂，连 PO 的人选都难以找到，更别提驯化 PO。尽管通过工作坊让关杰的团队体验了敏捷的需求管理方法，但是并没有看到他们在行为模式上有任何的改变。他甚至认为如果没有 PMO，转型会不会更容易一点，因为 IT 部门可以和最终用户直接接触，这样在方法上 IT 部门的话事权也更大些。在常规开发上的试验也证明了这一点。但是要去撼动一个组织，谈何容易。他看得出来，思文和关杰只是表面上一团和气。思文都解决不了的问题，他这个外人又能做些什么呢？

3 天的敏捷大会，让王章非常兴奋，业内敏捷转型的成功例子比比皆是，他和盛远的团队也从中学到了很多新思路。而同时，盛远的现实情况又让他很困惑，别人的成功不可复制，他必须在盛远摸出一条新的路径。

本章知识点小结：

- 客户的拥抱对敏捷转型很重要。

第 10 章

危机四伏——敏捷深化举步维艰

新年伊始，年度重头戏"热带雨林"的系统开发部分终于要启动了。关杰的 PMO 团队经过 3 个月的努力，草拟了所有的需求文档，进入双方业务评审的阶段。

思文召集了张丽、李俊和王章，她想为"热带雨林"的项目委员会搞一次敏捷工作坊。

"我们都知道瀑布肯定不行。"思文一开场就定了基调，"但是这么复杂的项目要搞敏捷，必须得到业务部门的支持。我想组织'热带雨林'项目委员会，包括业务部门和 IT 部门，搞一次敏捷工作坊，至少让他们了解敏捷的价值观，以便今后我们可以用相同的术语讨论具体做法。"

王章说："好，可以安排多长的时间？"

思文说："只能是半天，委员会里的高层，像销售部的史强、服务部的艾伦和 PMO 的关杰都很忙的。这次的目的主要是抛砖引玉。"

王章说："据我对史强、艾伦和关杰的了解，他们对敏捷价值观等方面的认识并不差，他们一直说不知道具体怎么做来配合 IT 部门。如果是要练习像用户故事地图这样的具体实践，半天肯定不够。"

思文说："我们先不谈具体实践，还是要加强他们对敏捷的认识，激起他们的意愿。"

王章坚持说:"我想概念和理论的东西,他们可能已经听腻了吧。这半年来,我们不断地向他们灌输这些想法。我想是时候让他们掌握一些具体的方法,比如做好一个 PO 的角色。"

思文说:"在盛远这样的组织很难找到一个所谓的'PO',他 / 她不可能是一个人。"

王章说:"是的,但起码要有一个权威的人来调动其他业务人员参与到用户故事地图等形式的工作坊中。"

李俊看到双方有点僵持,打了个圆场:"我想我们还是一步一步来吧,可以通过这次工作坊试探他们是否真的接受敏捷的价值观。"

王章表示担忧:"工作坊是很昂贵的,特别要那么多高层挤出那么长的时间,我希望工作坊是有具体目标和内容的,是富有成效的。如果我们这次还是'洗脑'性质,我担心他们以后听到'工作坊'三个字就避而远之,不利于将来再组织。"

张丽看到思文的脸色有点难看,圆场道:"思文站得高、看得远,她一定比我们更了解高层的想法,王章你就配合一下嘛。"

思文缓了一下,问王章:"对于组织这样的工作坊,你有什么具体困难吗?"

王章说:"没有。我可以安排。"

思文说:"好,等你准备好议程了,我们过一下。"

散会后，王章依然觉得不快。他甚至觉得自己并没有领会思文对于这次工作坊的具体期望和目标。他后悔最后没有和思文再确认一下这一点。他找了李俊。

李俊说："其实我同意你的想法。不过正如张丽说的，思文高瞻远瞩，肯定知道有些人是阳奉阴违的，也许这次工作坊就是一次试探。如果大家的价值观一致，后面转型会比较容易，如果不一致，我们就要调整策略。还有，我自己的职场哲学是，永远不当面质疑自己的领导，特别不能挑战领导的认知。当然，思文不算是你的领导，但可是你的客户啊。"

王章也点了点头。诚然，他也为今天自己的表现后悔。不过，作为一个顾问，他又不想表现得唯唯诺诺，特别是在一个宣称要向敏捷转型的组织里，有不同的想法就应该说出来。作为一个心思敏感的人，他有点纠结。他希望过几天借和思文讨论议程的时机能进一步摸清楚她的想法。

由于他现在要带领算盘团队做具体交付，还要辅导其他团队落实敏捷实践，这些工作已经占用了他全部的办公时间。筹备工作坊只能晚上在家加班完成。

然而，王章丝毫没有灵感。思文的想法在他看来还是很虚。经过两天的苦思冥想，依然没有什么进展，不得已，他向他的上司刘云求助。

刘云建议王章在工作坊中和学员玩两个游戏——"棉花糖挑

战"和"传硬币"。因为这次主要是针对业务，所以工作坊的内容不要放在敏捷开发上，更多是探讨工作方式的敏捷性问题，顺势提出他们一直想倡导的全局需求条目化和产品议会的建议。王章明白了刘云的意思。

和思文关于工作坊议程的讨论很顺利。看来刘云的提议正是思文想要的。王章庆幸思文并没有因为他曾经"顶撞"过她而不悦。

一周后，工作坊如期举行，由王章主持。业务方面有销售部的史强、服务部的艾伦、PMO 的关杰还有各部门在"热带雨林"项目工作组中的业务人员参加。IT 方面则有思文、张丽和李俊。关杰提前说了他有一个很重要的会，只能参加前半部分。

工作坊的主题是"如何提高工作敏捷性"。

王章以"棉花糖挑战"游戏开始，他让学员分成两组。每组分配了以下道具：

- 20 根干意大利面；

- 1 块棉花糖；

- 2 卷胶带；

- 2 把剪刀。

游戏的目标是用意大利面搭一座塔以支撑起一块棉花糖，棉花糖必须在塔的最高点，塔越高越好，但要稳固，要求在 15 分钟内完成。棉花糖位置高的那组获胜。

计时开始后，各组忙乱地进行着。

A 组有明确的领导角色，指挥着大家各司其职，甚至有人专门把胶带剪成一段段的，方便其他组员拿来即用，提高速度。

B 组则各忙各的，期间有很多不同的意见和讨论。

最终，两组的结构各异，但当他们在最后一刻把棉花糖放在"塔"的顶端时，两座"塔"都不负重荷，瞬间垮塌。有些人双手掩脸，有的人发出长叹，好像亲眼看到世贸大厦在面前倾覆一样。

大家收拾好心情，回到各自的座位后，王章播放了一段有关"棉花糖挑战"的 TED 演讲。演讲提到，根据实验，商学院毕业生玩这个游戏的记录最差，而幼儿园小朋友则保持着很好的记录。分析他们的搭建过程，发现商学院毕业生会花大量时间做预先计划和设计。小朋友则喜欢在搭建过程中不断地把棉花糖放在在建中的塔上试探其承受能力，而不是在最后一刻才做这个测试。

然后，王章让学员们针对游戏做了分享。

"我想我们习惯于预先做完美设计，当我们在最后一刻才去验证这个设计时，一切都太晚了。"A 组的"领导"先说。

"是的，如果我们可以像演讲说的那样提早测试的话，也许结果就完全不一样了。"

"这不就是敏捷倡导的快速反馈、频繁验证吗？"

王章总结道："看来大家都很有收获，如果可以落实'简单设计''提早测试''快速反馈''持续改进'等敏捷原则，我们就能玩好这个小游戏，这些原则就是我们今天想要探讨的'敏捷性'。大家想想，是不是每个项目就是一次'棉花糖挑战'？"

关杰提出了疑问："游戏很有趣，背后的理念也很有用。不过这些道理我相信大家都容易懂，我们只是还不知道在'热带雨林'这样大规模的项目上具体如何落实。"

艾伦说："我想分享一下我的感受。最近几个月在常规开发方面，我们和 IT 部门在尝试提高'敏捷性'。把大需求拆分成小需求并快速开发和提早测试，作为用户，我们可以更早地体验到 IT 人员开发出来的东西，并给出反馈，这远比那些繁文缛节的文档有效。"

史强问："在'热带雨林'上，为什么我们要花 3 个月搞需求文档，为什么不能更早地开始实际的交付工作？"

关杰说："因为对方需要确认和签署需求文档。"

史强问："这是对方的要求吗？"

艾伦说："这是我们的要求吧？"

关杰看了看表，表示要去开会，先行离开了。

王章说："在具体方法上，我提议我们可以通过用户故事工作坊，一起梳理一下要实现'热带雨林'的业务需要哪些具体的业务流程，包括哪些系统需要做什么，然后定义最小可用产品，从而有清晰的交付目标。"

思文说："由于时间关系，具体方法我们可以以后再实验。像王章说的，今天大家领会到的东西，不仅限于项目，甚至可以改变我们所有的工作方式和思维模式。这是我们今天的目标。"

王章说："好，下面我们来进行另一个游戏。同样分成两组，我会给每组 20 个硬币，我们将进行 3 轮游戏，每组分配一个组员来计时。其余组员参与游戏。第一轮，每人要在桌子上把所有硬币都翻面然后传递给下一个人，直到所有人都传递过一次。计时员要记录整个过程的时间。"

在王章一声号令下，各组开始了忙乱的传递。正在翻的组员都非常紧张，后面的组员严阵以待，但还是有些人在交接时把硬币弄到地上，浪费了不少时间。

结束后，两组的成绩如下。

第一轮	
A 组	B 组
55 秒	62 秒

王章给出了第二轮的规则，每人每翻 5 个硬币就可以传递给下一个人，然后继续翻手上剩下的硬币，直到最后一个人把所有硬币翻完。

两组第二轮的成绩如下。

第二轮	
A 组	B 组
35 秒	32 秒

最后一轮的规则是每人每翻 1 个硬币就可以传递给下一个人，其余规则不变。

两组最后一轮的成绩如下。

第三轮	
A 组	B 组
10 秒	12 秒

王章邀请大家分享体会。

"每次传递的数量越少，速度越快。"

"也许是我们越来越熟练了。"

"不过光是因为熟练，不可能一下子把速度提升了 5 倍。"

"我听说精益里面有个名词叫'单件流'，减少批量大小，可以提高交付速度，我想这个游戏就是这个道理。"

王章肯定道："是的，这个游戏就是想让大家体会一下'单件流'。在我们传统的项目思维里，总是尝试把所有东西累积在一起一次性交付，但是这会导致在制品累积，也就是生产里说的库存。在精益眼里，库存就是浪费。我们应该通过拆分减小批量大小，限制在制品，集中精力把在制品完成再从队列中拉入新的请求。因为一个请求只有在被完成的那一刻其价值才会得到体现。我们看到好的餐厅门外都是排满人的，这除了因为餐厅受欢迎外，为了保证交付质量，餐厅必须按照自己的交付能力限制进入餐厅用餐的人。

"正如艾伦提到的，我们在常规开发中正在尝试的'新交付方式'就是基于今天我们提到的理念和精神。我想是时候考虑把它延伸到所有的项目和产品上了。

"在李俊的基金服务团队中，我们建立了产品小分队，把大部分人员从项目中脱离出来，让项目管理与人员管理分离。接下来我们希望能把项目的需求全部条目化，然后每月与所有业务决策人进行定期排序会议，我们暂且把它称为'产品议会'，确定下一个月应该交付的需求条目，不再以项目为单位进行计划。这样可以保证我们一直为业务的整体最高价值进行交付，不管这个需求来自哪个项目。一个来自常规开发，可以立即产生效益的需求条目在当月的优先级可能高于一个来自'热带雨林'的需求条目，而不是像现在我们只是笼统地说'热带雨林'高于一切。所有业务人员也可清晰地看到我们在做什么、进度如何以及有什么障碍。

无论如何，资源与时间都是有限的，目前的情况是，不同项目的请求在无序地竞争着 IT 有限的人员。我们要一起确保有限的资源和时间用在最有价值的事情上，杜绝浪费。"

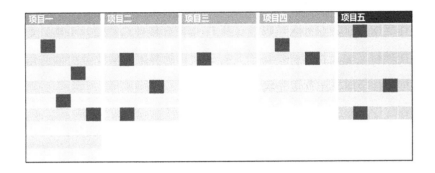

艾伦调侃说："我想史强只会关心'热带雨林'，而我更关心常规开发，我们每个月都要打一次仗了。"

史强说："我们在常规开发中不是已经有定期优先级会议了吗？"

王章解释说："在人员不足以满足所有项目需求的情况下，常规开发又因为'热带雨林'靠边站，那么光是对常规开发进行优先级讨论是没有什么意义的。"

史强不解地说："常规开发明明有自己的预算，为什么 IT 部门不能提供专属的人员来支援？我不明白为什么'热带雨林'和常规开发会有冲突。"

李俊解释道："按照'热带雨林'的预算，我们还要招聘不少

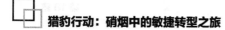

人才能满足，因此当'热带雨林'要开工时，我们所有人手只能优先满足'热带雨林'。我想王章想强调的是在具体某个需求上，如果当月某个常规开发的需求的业务价值高的话，它就应该被优先处理。这里有两个改变：（1）大家都能看到来自所有项目的具体需求条目，业务人员也能看到 IT 部门在做什么；（2）不再只是在项目层面上排优先级，而是打破项目的界限，从业务价值的角度审视全局来排列优先级。"

王章说："是的，谢谢李俊的解释。这里就需要我们把'热带雨林'的大需求拆分成业务价值明确、能更快交付、彼此独立的需求条目。"

史强说："我目前想不到'热带雨林'怎么做得到这一点。而且从预算角度来说，过了这村没那店，我们必须要在预算周期内把所有需求都做出来，否则以后未必有预算去做。如果我们不断让其他的事情插队，而且影响'热带雨林'的交付，这个后果大家都承担不起。"

王章补充说："我们并不是说'热带雨林'不重要，只是在人员有限的情况下，我们一起定期来审视哪些需求的完成能够最大化我们当前的业务价值。如果当月大家一致同意我们的全部精力都应该放在'热带雨林'的需求上，那完全没有问题。目前的情况是，我们并没有一个针对具体需求的全局视角，不同项目的需求在无序竞争 IT 部门宝贵的资源。"

史强开玩笑说:"艾伦,王章是不是你的人啊?"

艾伦倒很认真地说:"如果我们的业务流程得不到及时的优化,或者无法及时接入新客户,我们就不能满足更大的业务需求,也不能满足销售承诺的服务。史强,这点你也很清楚。"

史强对思文说:"所以当务之急还是 IT 部门招人来满足我们的需求,我们要两条腿走路啊。"

思文说:"招聘计划一直在实施,但是这个有滞后效应。我想我们应该讨论如何在目前有限资源的情况下最大化业务价值的实现。"

史强说:"那好吧,但我想提醒'热带雨林'是有明确期限的,我知道大家想尝试迭代交付,不过我不能冒无法按时交付的风险。"

王章说:"所以我们要一起来定义'热带雨林'的 MVP。这才是规避项目风险的有效手段。"

思文说:"我们今后可以再组织工作坊来一起定义 MVP,今天由于时间关系,就不再讨论了。非常感谢大家的参与。我希望今天体验和谈论的理念可以成为今后我们讨论具体问题时的通用语言。"

王章并不满意工作坊最后这种意犹未尽的感觉,他不确定这次是否已经达到思文的目标，他唯一确定的是这次工作坊没有明确的成果。

他当晚和刘云交流了一下，刘云指出："我们希望从决策层到工作层都能看到同样的细节，这是可视化的目的，也是为什么我们一直倡导扁平化组织的原因。但是像盛远这样的传统企业，有比较深的层级，高层对细节不感兴趣，造成大家管理的粒度不一致。加上业务组织本身结构比较复杂，各部门的利益和兴趣点不一致，这就缺乏开展产品议会的基础。我们无法改变盛远的组织架构，我想比较可行的是建立打通各业务部门和 IT 的全价值产品交付团队。找个机会，咱们找思文聊聊。目前不宜操之过急。"

本章知识点小结：

- 敏捷性；

- 单件流；

- 复杂的业务关系是最大阻力。

第 11 章

遭遇风暴——陷入谷底，绝处逢生

工作坊结束半个月后，张丽找到了李俊、王章和张小鹏。她说："关杰已经跟项目委员会汇报了：他们所有的需求文档已经就绪。"

李俊说："IT 部门看都没看一眼怎么可以说就绪呢？他是想把球甩给我们，让委员会的目光转到我们身上。"

张丽说："所以我们不能让他就这样把项目的压力转嫁给 IT 部门，我们要评审所有的需求文档，具体指出哪些需求可以就绪，哪些需求还不行。"

李俊说："王洁不是在你手上吗？项目组 BA 不是应该做这个事情吗？"

张丽说："有一百多份文档，不可能靠一个人看完的。"

李俊说："你想产品小分队做这个事情？"

张丽说："是的，否则呢？"

王章很有保留，说："我们当初定义产品小分队时，主要的职责是交付，产品小分队应该从项目组接收已经就绪和拆分了的需求。而且这样在一开始就要消化所有需求的做法不正是瀑布的做法吗？我们难道要走老路吗？"

张丽说："我说过，'热带雨林'是需要预先计划和承诺的，要和对家厘定交付日期，然后写入合同里，延期我们会被罚款的。我们不可能像敏捷那样做哪算哪。这个事情靠我和王洁两个人肯定是无法完成的，需要整个交付团队一起配合。"

王章说："那么我们知道 MVP 是什么吗？"

张丽说："你就把所有需求当 MVP 吧。现在项目委员会就是在用瀑布的方式来管理整个项目。我们是要交项目计划和签军令状的。而且我们之前的估算是在没有任何具体需求的情况下拍脑门做的。现在 PMO 已经宣称需求就绪了，这就逼着我们必须基于这些需求重新做有根据、更精确的估算，所以我们必须甄别哪些需求是可以做估算的，哪些还不行，把球抛回给 PMO。"

王章无言以对。似乎那场关于敏捷性的工作坊并没有改变任何东西。他完全明白张丽的诉求和逻辑。但是他厌倦了这样的游戏，他确信这只会两败俱伤，不可能有任何一方是赢家。

李俊说："可不可以让王洁把所有需求文档整理成一份列表，我们一起想一下需求的就绪条件是什么，做成一份检查清单，然后分析每一份需求文档的就绪情况。正如张丽说的，我们要有根有据。然后按照需求涉及的产品将需求分派到各个产品小分队来做具体分析。在检查清单中用醒目的颜色标注需求的就绪情况，这样展示给委员会就一目了然了。"

王章说："我们需要要求 PMO 和我们一起解读每一份需求文档。不过我不知道这要花多少时间。有这样的时间，为什么我们不要求 PMO 把需求文档拆成用户故事并排序，然后我们开始实际的交付呢？在交付的过程中，我们会和他们阐述具体需求细节和验收条件。"

张丽说："我想可以这样做交付。但是目前的当务之急是要挑战 PMO 有关需求文档已就绪的说法，并为两周后的重新估算做准备。如果我们的重新估算还是要拍脑门，也要告诉项目委员会哪些需求只能拍脑门和为什么。不怕告诉大家，现在项目委员会在挑战我们的估算，示意要压缩预算。我同意李俊的建议，我会让王洁整理需求文档列表，然后咱们一起讨论检查清单的内容。我也会要求 PMO 安排解读会议。各个产品小分队可要配合啊。"

张小鹏没有什么意见，他基本上是听李俊的。王章尽管不认同整个项目的管理手法，但在没有想到更好的办法时，他也只能照办。在算盘团队里，好歹有两个人——郑小年和黄博原来是分配给"热带雨林"的，现在只有让他们集中精力负责这个事情，其他项目的事情就靠边站吧。王章并不是不愿意让团队里的成员做"热带雨林"的事情，相反，他相当愿意参与其交付。他只是希望大家都能做一些有价值的事情。

李俊最后补充说："有一点我想说清楚，正如王章所说的，产品小分队的主要职责还是交付，需求文档清单的整理和维护还是要由王洁最终负责，各产品小分队只是配合给信息。"

张丽说："就像我之前说的，搞产品小分队就会有这些扯皮的地方。不过我们暂且如此吧。"

和算盘团队有关的需求文档有 25 份。王章约了 PMO 的负责同事对所有文档做了解读，一共花了 3 周的时间。由于王章对业务的理解已经有了一定的基础，他惊喜地发现自己基本能听懂这些需求，而且有能力问一些关键的问题。不过当他问郑小年和黄博是不是对所有的需求细节都理解时，他们都摇头。他们根据理解一起过了一下需求就绪检查清单。各份文档的就绪情况不尽相同。

张丽再次约了李俊、王章和张小鹏，说："首先要跟大家打个招呼，最近这段时间我们要多碰头了。现在项目委员会对预算和计划非常紧张。重新估算要提前，本周内就要上交。我说过，这次不能让委员会感觉我们还是在拍脑门做决定。我们必须要说清楚哪些需求有足够的信息做更精确的估算，估算的根据是什么，哪些需求还不可以和为什么不可以。"

"估算不可能精确的，这是你我都知道的常识。"王章说，"我们不应该在追求所谓的估算'精确性'上花太多时间，那是没有太多意义的。所以我们设计了一份简单的报价单，可以根据需求里面需要的组件数量来计算时间和成本。当然，我要重申，它不

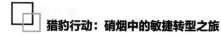

是一个所谓精确的估算，但可以让我们节约大量时间。"

张丽说："用报价单没有问题，但是它不能太粗糙，至少对同一组件基于不同复杂程度要有不同的报价。"

王章说："对不起，要做到这样，我们需要对需求有深入的理解，靠现在这样的短时间突击，我们不可能掌握所有需求的细节来判断某个组件的复杂程度。我说过，这份报价单旨在简单。"

张丽说："我说过我们的估算是要有根据的，思文也要过目的。如果太离谱，连她那一关我们都过不了。"

李俊打圆场说："不如让王章先用他的报价单试算一下。我想现在项目委员会关心的是预算能否压下来。如果试算的结果比原来低，我想他们也不会太在意。我同意估算是不可能精确的。报价单是一个比较有效率的做法。"

张丽说："我也不想大家浪费时间，坦白说，我也希望这个难关快点过去，大家好做些正事。先这么着吧。"

王章、郑小年和黄博用报价单对所有需求算了一遍，发现数字大得惊人，比原来的估算还要高 30%。这显然是项目委员会不会接受的。尽管他认为重新估算的结果一定要比原估算低的要求很离谱，但他还是想明白了一件事情。这次重新估算其实还有一个目的，就是确定今年 IT 部门要为"热带雨林"额外聘请多少人。根据原来的估算，光是算盘小分队就要请 7 个人，而根据现在的新估算，则要请 9 个人，这都是不可能完成的任务。他听李俊说过，盛远 IT 部门的工资水平在业内算中等，吸引力不是特别高，因此招聘一直不是特别顺利。张丽去年本来要为"热带雨林"招 3 个人，最后只有 2 个人到岗。因此要在一年内聘请超过 5 个人的话，基本上是痴人说梦。更何况李俊和张小鹏的小分队肯定都有差不多的招聘需求。因此，王章觉得既然估算出来的招聘计划是不可实现的，那么这笔预算其实最终是花不完的，现在把估算做低一点，满足项目委员会的预期，IT 部门也不会有什么风险。他和郑小年、黄博重新调整了一下报价单，把每项单价都压低了。最后做了一份比原来低 20% 的估算。他和李俊合计了一下，李俊也同意这个做法。

张丽再次召集所有人评审各产品小分队上交的估算。她对王章做的估算尤其不满意。"对不起，恕我直言，我感觉你现在做的估算和原来拍脑门做的决定没有什么区别，我说过我们要有根有据，要具体罗列需求文档的就绪情况。而且项目委员会的最新要求是，就算是需求文档不就绪的部分，我们都要用假设来做估算。"

王章也不满地说："按照项目委员会的惯用方法，如果将来我们做的假设不成立，预算肯定也是可下不可上的，这样做我们的风险很大啊。"

张丽说："我不知道要跟你说多少次你才能明白我的要求和背后的原因。我建议你看看李俊和张小鹏是怎么做的。本来周五前就要交了，我再给你一个周末，拜托你下周一前一定要弄好，好吗？"

王章真想说"不好"，但他也明白张丽是被逼出来的。冷静下来后，他决定一方面参考一下李俊和小鹏交的功课，一方面他想和思文谈谈。

王章看了李俊和小鹏做的估算。小鹏主要负责报表方面，比较标准化，估算相对比较容易。李俊的挑战其实比王章要大得多。因为金塔的需求主要是第三方供应商来开发，本来估算应该由他们来做。虽然需求文档已经全部给了对方，但是大家都心知肚明，供应商不可能那么快能给出估算，毕竟这涉及合同的报价，他们会非常谨慎，没有两三个月，这个事情是拿不下来的。因此李俊需要基于一大堆假设替供应商做估算。最终供应商给出的估算不一致是大概率事件。不得不佩服李俊在这一方面的老道，他在每一项估算旁都写了非常详尽的假设，可谓是滴水不漏，应付项目委员会足矣。到时他大可以拿供应商做令牌来推翻这些估算。

王章周末加了2天班，拿出讲故事的本领，参考李俊的版本在他的每一项估算都像挤牙膏似地写了详细的假设。周一和张丽他们再碰头时，张丽终于没有再挑刺。"好啦，我要去面圣了。"

随后，她去参加项目委员会会议汇报这次重新估算的结果。

会后，张丽约了李俊聊天："其实我不是很明白为什么思文要安排王章参与项目的具体事务。他就是个顾问，书生气很重，压根不懂我们的游戏规则。而且，这样把一个外人当自己的将领来使用，合适吗？"

李俊说："也许思文正是需要一个外人来打破我们的游戏规则，否则我们的做事方式就不会有变化。我倒觉得这样蛮合适的。一来我们确实缺人，二来让他参与实战反而可以让他少说些纸上谈兵的东西，多给些基于实际情况的建议。"

张丽说："他的合同好像还有 3 个月的时间，到时候我们还是缺人。"

李俊说："也许这是思文的另一个考虑。以敏捷顾问的名义来续他的合同需要独立的经费，我估计以盛远的吝啬，这个事情很悬。但是既然他已经参与到'热带雨林'的实际工作中，而项目又有招聘计划，完全可以以项目的名义和他续签。毕竟，现在敏捷转型走到半山腰，思文肯定是想继续走下去的。"

张丽说："呵呵，还是你老人家的领悟力强啊。跟你说个好消息和坏消息吧。好消息是这次重新估算委员会没有什么异议。我们的需求就绪清单着实将了关杰一军，现在委员会对需求的具体情况有了更清晰的概念，他再也不能跟委员会说需求已完成的谎话了。他后来以敏捷做借口来狡辩，说 IT 部门并不需要等所有需求文档就绪才能开工，有哪些需求就绪就做哪些嘛。坏消息是我们要在本周内交交付计划。业务之前已经定了一些关键日期，委员会想知道基于新的估算，我们还能不能满足那些日期，不能的话，会有什么样的影响。咱又要忙一阵了。"

王章找到了思文，这是自上次工作坊后他俩第一次见面。思文问候了王章的近况。王章说："我喜欢带领产品小分队和做实际交付的事情。但是坦白说，'热带雨林'让我有点沮丧。我不明白既然我们在工作坊已经跟项目委员会的人灌输了敏捷的思想，为什么整个项目的管理还完全是瀑布思维呢？"

思文说："'热带雨林'太重要了，我们所有人都把'身家性命'押在上面，谁也不敢冒太大的风险。而且有合同约束，我们是需要计划和承诺的。你来了这么久，也知道我们的业务还是喜欢一次性地做验收测试。所以我是完全鼓励大家在交付层面更敏捷一点，但是在整个项目的管理上，目前只能采纳 Water-Scrum-Fall 的模式。要改变大家的思维模式，我们不可能靠几次宣讲和工作坊就能达到目标的。而且这个项目还涉及对方公司，如果他们不能配合，我们同样实现不了端到端的敏捷交付。"

王章说："正是因为项目重要，所以我们才要一起定义 MVP，让业务部门可以在 IT 投入最小的情况下开展业务，这才是降低风险的办法。"

思文说："现在我们的思路还是要通过所有需求来拿预算和做招聘计划。我明白估算和计划并不代表将来的交付就是那么回事。所以我会把计划和交付当成两件事情来看，各自的目的是不同的。很多时候，计划并不是为了执行，而是提前做好各种情况的预案，集结资源，以应对将来可能的各种变化。如果你能想明白这个道理，也许你就不会那么沮丧。我看到很多端到端的敏捷案例都是像互联网企业这样的面向消费者（To C）的产品的，其需求和用户都是不确定的，产品开发者能决定这个产品是怎样的。但是我们的情况完全不一样，业务部门作为甲方是需要确定性的，我们不能只是告诉他们软件开发是个不确定的过程，尽管这是事实，但他们不会接受。所以我们需要技巧和策略来管理他们的预期。"

王章说："明白了。显然我已经不习惯瀑布这一套游戏规则了。"

思文说："所以你的价值是把交付做好了。对了，有件事情要和你商量一下，你作为敏捷顾问的合同 3 个月后就要到期了，但我想以'热带雨林'项目的名义续签你的合同，工作性质和现在一样。我已经跟刘云打过招呼，不知道你的意愿如何？"

王章说："我很乐意留下来，把我们未竟的事业完成。"

思文伸出了手示意要和王章握手，"那好，预祝我们继续合作愉快！"

对于接下来做交付计划的过程，已经开窍的王章在心态上平和了许多，他明白这个计划就是要告诉项目委员会原来定的关键日期是不可能实现的，他们要接受一个新的更可行的计划，而且需要招人来实现这个计划。

在下班时王章碰到了关杰，和他聊了两句。他希望关杰可以把已经就绪的需求拆分成用户故事，然后排序好让 IT 部门可以尽早开工。关杰说："没有问题啊。我一直跟张丽说不需要等所有需求文档就绪啊，我们可以敏捷一点，这不也是你们 IT 部门一直倡导的嘛。怎么到了实际做事的时候又变了调调？"

王章知道关杰在挖坑。他没有回应最后的质问，只是再次强调 PMO 要做的事情。

关杰说："这样吧，我建一个看板，把所有需求都放在那里，我们每天开个 15 分钟的例会来确定一下优先级、就绪情况和进度，就像我们在'信鸽'后期做的那样。你、我、李俊和张小鹏来参加。"

王章说："那敢情好啊。我还有一个要求，每个用户故事你们都要解释为什么要做并给出具体的验收条件。"

关杰说："这些细节做的时候再谈吧。"

两天后，关杰把需求都放在了 JIRA 上，并建了一个可视板。通过可视板，关杰也不得不承认可以交给 IT 部门的需求凤毛麟角，不过这倒是可以逼着关杰做好自己的事情。

王章为用户故事类型的 JIRA Issue 定义了一个统一模板，他希望将来在做交付的时候，这些关键信息都能被记录在 Issue 中，成为详尽的交付文档，模板的内容如下：

- 需求描述；

- 确认理解；

- 问为什么；

- 验收条件；

- 详细设计与实现；

- 集成测试结果；

- 用户验收测试；

- 上线备忘。

它们的具体含义如下。

（1）需求描述。

原始的需求描述，可以是"作为……（谁），我想要……（做什么），为了……（为什么）"的格式，也可以是传统的需求描述。

（2）确认理解。

复述对需求的理解并要求需求提出方确认理解。由于一般需求的表述都是抽象的，同一件事情不同人的理解可以有天渊之别，复述与确认可以确保大家的理解是一致的。

这一原则适用于所有的任务分配，当我们把一个任务交代给其他人或接收到一个任务时，任务执行人都应该复述自己对任务的理解并得到交代人的确认，以确保对任务的理解正确，这是正确完成任务至关重要的一步。

（3）问为什么。

询问需求提出者为什么需要这个需求和为什么现在就需要。

这里需要技巧，直接问这个问题可能无法得到有效的答案，应该详细询问在什么场景下需要这个需求，包括谁用、什么时候用和使用条件、要解决什么问题、使用频次、怎么发生等，从而甄别伪需求。有些需求其实是解决方案，需要挖掘其背后的真实用意。

（4）验收条件。

可作为验收测试用例的具体例子，即实例化需求。它主要是为了避免误读，让抽象的需求变得具体和可测试。这一步很难，但非常重要。没有明确的验收条件，我们便不知道如何测试，业务部门也不知道如何验收。

通常，一个用户故事包含若干个验收条件，包括快乐路径（Happy Path）与意外场景（Exceptional Scenario）。

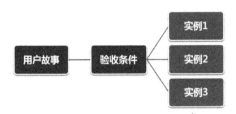

延伸开来，这一原则适用于任何事情。做一件事情，以终为始，在一开始明确要做成什么样子，行成闭环，才能指导行动并确保结果正确。

（5）详细设计与实现。

有了以上几点，具体的需求已经厘清。这里记录满足该需求的具体设计以及实现。

（6）集成测试结果。

这里包括 CI（持续集成）的结果，如果有对应的自动化验收测试，可以把在 CI 上测试结果的链接放在自动化验收测试中，以建立用户故事与自动化验收测试的连接。

另外，很多时候集成测试需要与上下游系统一起进行，测试过程与测试结果在此记录。

（7）用户验收测试。

用户验收测试过程与测试结果。

（8）上线备忘。

有些用户故事的上线所需要的一些额外步骤。

在这一步，确认理解、问为什么以及验收条件是重点。它作为"就绪定义"（Definition of Ready, DoR），帮助我们厘清用户故事的具体需求。而验收条件则是具体的"完成定义"（Definition of Done, DoD）。

业界对用户故事倡导的写法是"作为……（谁），我想要……（做什么），为了……（为什么）"。但是，王章从经验中总结出来：对于企业应用项目而言，需求分析往往需要业务代表或业务分析员（BA）来完成，他们习惯于书写传统的需求文档，要求他们一下子转换到这样的格式，跨度实在太大。他们能够把传统的需求文档或大需求拆分成小的用户故事，已经很不错了，至于用何种格式表达，完全可以因地制宜。

目前，对算盘小分队来说，唯一可以开始开工的是基于基金申购额的阶梯计费需求了。虽然需求文档已经罗列了各个申购额范围的计费规则，但是为了确保理解一致，也为了测试，王章还是和关杰合计了验收测试的具体例子。

实例 1：机构进行第一阶梯（＜100 000 份）的申购，费率为 1%。

假设机构 A 申购基金 a 90 000 份，申购单位净值是 1.5。

当申购成功时，机构 A 被扣除的申购费为 1 350 元。

实例 2：个人进行第一阶梯（＜10 000 份）的申购，费率为 1%。

假设个人 B 申购基金 a 9 000 份，申购单位净值是 1.5。

当申购成功时，个人 B 被扣除的申购费为 135 元。

实例 3：机构进行第二阶梯（100 000 ～ 500 000 份）的申购，费率为 0.8%。

假设机构 A 申购基金 a 100 000 份，申购单位净值是 1.5。

当申购成功时，机构 A 被扣除的申购费为 1 200 元。

……

算盘小分队把这些实例全部写成了"Given…When…Then"的 Gherkin 语言格式，这些是业务部门和 IT 部门双方都能看懂的统一语言。利用自动化测试框架 Cucumber[1]，通过代码来执行这些

---

[1] Cucumber 是一个用普通语言描述测试用例的、支持行为驱动开发（BDD）的自动化测试工具，它用 Ruby 编写，支持 Java 和 .NET 等多种开发语言。

实例，从而使这些文档可执行并内化到代码库中，以实现验收测试自动化，而且可以纳入到持续集成里。虽然 JUnit 同样可以实现测试自动化，但是 JUnit 代码对于业务人员来说是不可读的，业务和 IT 部门很难对测试用例达成共识，JUnit 更适合程序员用作单元测试工具。Cucumber 的文档则与业务人员确定了对系统的期望行为，这个过程也叫行为驱动开发（Behavior Driven Development, BDD）。Cucumber 可以把左边的业务人员能看懂的行为测试用例与右边的测试执行代码"粘合"起来。

BDD测试用例规格（可读文档）

```
Scenario: A trader is alerted of status

Given a stock and a threshold of 15.0
When stock is traded at 5.0
Then the alert status is OFF
When stock is traded at 16.0
Then the alert status is ON
```

BDD测试代码

```
public class TraderSteps {
    private TradingService service;
    private Stock stock;

    @Given("a stock and a threshold of $threshold")
    public void aStock(double threshold) {
        stock = service.newStock("STK", threshold);
    }

    @When("stock is traded at $price")
    public void theStockIsTraded(double price) {
        stock.tradeAt(price);
    }

    @Then("the alert status is $status")
    public void theAlertStatusIs(String status) {
        assertThat(stock.getStatus().name(), equalsTo(status)
    }
}
```

王章要求这些实践要成为算盘后续开发的新标准。

几天后，张丽又把大伙召集起来。"项目委员会对项目的投资回报做了重新分析后，要求我们想办法把整体预算再压缩 30%。我看了一下预算分布，目前占最大头的还是金塔，我相信供应商的真实报价还会更高。会上，关杰提出了要 IT 部门想办法通过自主开发来减少对供应商的依赖。"

李俊说："我们没有金塔的源代码，它对我们来说就是个黑盒子。"

张小鹏说："我们报表和算盘都是直接从金塔的数据库读取数据的，我们是不是可以把金塔的对外接口那部分也自己做了？李俊，这次'热带雨林'的需求里涉及接口的多吗？"

李俊说："涉及接口的需求有几十处。"

王章说："改动已有的接口，对供应商来说是小菜一碟。但对我们来说是要把这些接口的实现从金塔挪到自主开发的程序中来，这可是一项巨额投资啊，一来未必更便宜，二来我们能否赶上'热带雨林'的交付日期也是未知数。"

李俊说："思文是有逐步把金塔通过自主开发取代的想法，不过这是个浩大的工程，我们讨论过好几次，都不知道从何下手。也许接口是个契机。"

王章说："但关键是'热带雨林'的预算和时间允许我们在这个节骨眼做这个事情吗？"

张丽说："我们现在的接口都是落地文件的形式，每次有新的接口都要做定制化开发，因为文件格式必须要完全符合对方的要求。为此，除了额外的开发成本外，也需要开发时间，对于接入新客户尤其不利。我了解到对方公司的系统可以接受 API，如果我们可以通过 API 开放我们的数据，只要数据内容能满足对方的需要，我们就不再需要为了满足格式要求而做定制化开发，长久来说，这是个不错的投资，将大大节约将来的 IT 开发成本，也能更快地接入可以接受 API 的新客户。所以如果条件允许的话，我们可以从'热带雨林'开始做这个事情，只要我们能给业务部门这样的愿景，我认为他们甚至可以接受不压缩预算。"

李俊说："这是个思路。如果不借助'热带雨林'这样的庞大预算，我们不可能从业务部门那里抠到专属的预算来做这个事情。我们要和思文好好合计这个事情。"

一众人等找到了思文，思文对这个想法非常支持，提出应该立即进行具体的可行性研究和成本估算。

王章建议："我们可以采用演进式的设计方法和微服务的架构。先搞清楚对家需要哪些数据，然后为此设计 Process API，满足对家直接访问的需求。在底层，围绕着金塔的数据库，我们对数据按照领域进行归类，设计相应的 Domain API，从 Domain API 获取元数据整合出 Process API 所需要的数据。由此演进出来的 Domain API 将具有很高的通用性，它会成为我们未来的重要资产。

"在实施部分，每一个 API 都是一个独立的微服务应用，它们基于 Spring Boot[①] 开发。IT 人员借助 Spring Cloud[②] 来搭建整个微

① Spring Boot 是由 Pivotal 团队提供的全新框架，其设计目的是用来简化新 Spring 应用的初始搭建以及开发过程。该框架使用了特定的方式来进行配置，从而使开发人员不再需要定义样板化的配置。通过这种方式，Spring Boot 致力于在蓬勃发展的快速应用开发领域（rapid application development）成为领导者。
② Spring Cloud 是一系列框架的有序集合。它利用 Spring Boot 的开发便利性巧妙地简化了分布式系统基础设施的开发。如服务发现注册、配置中心、消息总线、负载均衡、断路器、数据监控等，都可以用 Spring Boot 的开发风格做到一键启动和部署。

服务框架，从而实现快速开发、更好的弹性和故障隔离。"

李俊说："我听说'微服务'这个词蛮久了，能具体说说它是什么和有什么好处吗？"

王章介绍说："传统的应用架构通常是单体应用。有统一的数据库、UI 层、控制层和逻辑层，虽然有分模块，但是在代码层面都是聚集在一起的。若是一个简单应用，这不是什么问题，但是当业务越来越复杂时，应用也变得越来越复杂，逐渐变成一头'大怪兽'，维护和后续开发变得越来越困难，牵一发则动全身，交付周期越来越长，交付风险越来越高。应用本身也变得越来越难理解，新人对它的学习周期也会非常长。

"微服务架构就是把整个应用按照业务拆分成独立的应用，它有以下的特点：

(1) 每个应用可独立开发、部署和扩容，甚至有独立的数据库；

(2) 每个应用的职责单一、松耦合，和其他应用通过远程接口调用，没有代码依赖；

(3) 基于以上原因，每个应用的开发、查错和变更速度快，它能更快地响应业务需求，提高敏捷性；

(4) 由于采取去中心化结构，每个应用可以采取完全不同的技术栈，包括不同的开发语言，在技术选型上自由度大。"

李俊说："听起来不错啊。现在算盘就是一个单体应用，经过几年的发展，它越来越复杂，现在做一个小小的变更都要非常谨慎。"

思文说："这个世界上是没有银弹①的，王章也说说微服务的缺点吧。"

王章说："是的。微服务架构降低了每个微服务应用的复杂性，却增加了整个架构的复杂性。其实只要业务是复杂的，系统的整体复杂度就不会降低，只是体现在不同的层面上而已。微服务架构大大增加了集成测试、部署、监控等方面的复杂性。不过诸如契约测试、容器和 Spring Cloud 框架等技术的出现大大降低了解决这些问题的难度。"

李俊说："这是关于技术实现的。但是我们首先要知道做这个事情的成本和时间。"

王章说："是的，但坦白说，我们现在不可能知道，特别是我们将要做的是没有做过的全新产品。"

张丽说："这可不行，你叫思文和我怎么跟项目委员会交代。"

王章笑笑说："先别急。是时候我们尝试一下敏捷估算和计

---

① "银弹"来自于 Fred Brooks 在 1987 年发表的一篇关于软件工程的经典论文 *No Silver Bullet*。该论文强调真正的银牌并不存在，"没有银弹"是指没有任何一项技术或方法可以让软件工程的生产力在 10 年内提高 10 倍。

划了。"

李俊说："愿闻其详。"

王章说："传统的估算单位是人/天，它与时间有关。但时间是最不可控的因素。同样的需求不同人做的耗时差异性很大。比如同一个需求，小鹏做需要 1 天，一个新人做可能要 5 天。敏捷使用的估算单位是故事点，它是一个和复杂度或规模有关的相对数，我们希望它是一个更被大家认可的常量，而不是一个变量。比如，如果我们问从广州到北京需要多少时间，这是一个很难回答的问题，不同的到达方式，耗时完全不一样，即使是说都是坐高铁，也会有晚点的情况，所以，从广州到北京所需要的时间是一个变量，不是一个常量。但是从广州到北京的距离是固定的，这是一个常量。用户故事的复杂度或规模，是一个相对时间更稳定的常量。而且，故事点是一个相对数，不是一个绝对数。比如同样结构的建筑，建 3 层楼的规模是建 1 层的 3 倍，那么我们视建 1 层的故事点是 1，建 3 层的故事点是 3。"

小鹏说："两地的距离确实是常量，但一个用户故事的复杂度也是见仁见智的呀。"

王章说："是的。所以敏捷估算过程有一个叫扑克牌游戏的方法。在估算会议上，团队的每个成员手上都有一副扑克牌，每副扑克牌包含一个不同的数字，建议使用斐波那契数列 0，1，1，2，3，5，8，13，……，或者是较简单的 T-Shirt 尺码号

XS，S，M，L，XL，……，对应的故事点分别为 1，2，4，6，10，……。当大家都消化完一个用户故事时，同时通过出牌的方式来展示每个人的估算结果。给出最高和最低估算的两人要解释和辩论。最后团队得出一个大家都认同的估算值。"

张丽说："这不还是拍脑门做决定吗？"

王章接着说："有一个很著名的实验：在一个玻璃罐中放满糖果，然后请一群人来猜，这里面有多少颗糖。那你想，每个人猜的肯定差异很大，有的猜 200，有的猜 1000。但奇怪的是，只要把他们猜的答案一平均，居然和实际的数字相差不多。2007 年在哥伦比亚商学院就做了一次这样的实验。糖的实际数目是 1116颗，73 个学生参加实验，平均数为 1115 颗，只差 1 颗。所以，人群中涌出的群体智慧远远超过了个人智慧。但是这个试验有一个重要的前提，就是参与实验者彼此之间必须互相独立，在给出自己的答案前不能互相沟通。保持群体中每一个个体的独立性，是群体智慧发挥作用的重要前提。敏捷扑克牌估算就是基于这个原理。"

李俊说："好，但是我们还是不知道时间，这是业务部门最关心的。"

王章说："是的，我们还需要知道团队的交付速度才能知道时间，这就需要测速。敏捷是迭代式开发，我们可以通过观察团队在头一、两个迭代中可以实际交付多少个故事点来预测团队的交付速率，从而计算完成所有故事点需要多少个迭代。在 Scrum 里，迭代的周期是固定的，这也意味着知道有多少个迭代便知道需要多长时间。要注意，这里观察的是团队的交付速率，不是个人的，因为团队的交付速度相对稳定。"

小鹏问："但是随着交付的进行，团队在后面的迭代因为熟悉了业务和系统，速率会越来越高。以头一、两个迭代来做预测好像很不准确。"

王章说："在迭代进行过程中，我们还会通过燃尽图来持续观察团队的交付速率是在提升还是下降，从而做出及时调整。"

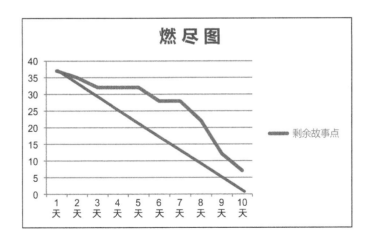

如上图所示，燃尽图（burn down chart）是在项目完成之前，对需要完成的工作的一种可视化表示。燃尽图有一个 Y 轴（故事点）和 X 轴（时间）。理想情况下，该图表是一个向下的曲线，随着剩余工作的完成，"烧尽"至零。燃尽图向项目组成员提供了项目进展的一个公共视图。

李俊说："对接口文件的复杂度估算，也就是故事点，可以简单通过文件里面字段的数量来计算。当然有些字段和数据库的字段有直接对应关系，有些比较复杂，需要额外的逻辑，这个我们在做的时候再和供应商确认。"

小鹏说："从做报表的经验里，我比较熟悉金塔的数据库结构。为了快速估算，我可以过一下所有接口文件规格文档，标记出哪些字段是可以直接获取的，哪些需要额外逻辑，对那些需要额外逻辑的我们在给故事点时加大一点。"

思文说："好，那我们的下一步是什么？"

张丽说："首先我们要和对家确认他们是否真的可以接受 API。确认后，我们根据对家系统所要求的接口文件规格文档来确定 Process API 的数据需求，然后开始设计。"

李俊说："这里涉及的接口文件有十几个，对应是十几个 Process API 的微服务应用，还有若干个 Domain API 的微服务应用，开发量还是蛮大的。"

王章说："我们可以采用'小步推进、快速行动'的策略，从最简单的那个接口开始，验证我们这个想法，而且通过第一个 Process API 的开发来搭建基础，并以此为模板开发其他的 API。我想我们的首发阵容应该安排技术最强的工程师。有了好的基础和模板，后续的开发其他工程师可以依葫芦画瓢。"

思文说："同意。李俊可要在这一块安排最强的人手，而且我们应该趁大部分其他需求还不能开工的时机争取一些进度，给业务部门展示。"

李俊说："架构设计师李文杰可以负责具体的架构设计。Java 开发厉害的人全在王章的算盘小分队了。那我们要一致同意把'热带雨林'算盘部分的需求先放一放。"

思文说："没问题。我们先设一个两周的时间盒，到时候再重新评估一下。"

王章说："这也是一个测速的过程。因为交付范围确定，我想我们就不必严格按照 Scrum 搞正式的 Sprint 计划会议了，还是用相对简单的看板方法，但是每两周我们聚头讨论一下进展和障碍。"

李俊说："王章，这次又是你理论结合实践的机会了。"

王章非常乐意接受这样的挑战。对他来说，能更多地参与实战，是强化顾问能力的大好机会。

张丽与对家和项目委员会的沟通都很顺利，API 开发拿到了绿灯。

技术最强的郑小年领衔 API 开发，他们从最简单的汇率接口开始。

　　沿用之前开发算盘的实践，他们和 PMO 确定了验收条件，王章要求郑小年把它写成契约，通过 Spring Cloud Contract 框架实现契约测试。

　　所谓的契约测试是基于消费者驱动契约测试的理念的。API 之间的集成测试，涉及彼此独立的不同系统和依赖，相当复杂和昂贵，会大大拖慢交付进度。API 存在提供者和消费者两个角色。提供 API 的一方称为提供者，调用 API 的一方称为消费者。在开发时，双方根据消费者的验收条件拟定一份契约，契约放在一个双方都可以访问的公共区域中，双方通过运行这份契约来测试彼此是否满足要求。这个手段可以使双方的开发过程解耦，解除测试的依赖关系，而且实现像单元测试那样得快速和稳定。目前有 Pact 和 Spring Cloud Contract 两个框架支持契约测试。在微服务架构下，应用之间都是通过 Restful API 互相调用，契约测试解决了微服务集成测试难的问题。

　　两周后，汇率的 Process API 和相应的 Domain API 已经完成，对家通过运行契约测试，也确认了测试结果。这套想法已经得到了基本验证。

　　项目委员会看过演示后，也表示满意，估算游戏暂告一段落，接下来是招兵买马，加快进度，扩大成果。

本章知识点小结：

- 实例化需求；

- 行为驱动开发（BDD）；

- 微服务架构；

- 敏捷估算和计划；

- Scrum 燃尽图；

- 契约测试。

第 12 章

雨过天晴——继续精进，迈向常态

刘云在和王章的例行谈话问道："'热带雨林'进展如何？"

王章说："API 那部分进展不错，毕竟是 IT 部门驱动的新产品，对业务部门的依赖不是很大。但其他部分的进展不顺利，需求文档的质量不高，业务也没有全部签署。"

刘云说："整个项目的 MVP 还是没有定义出来？"

王章说："这个问题我已经提出过很多次了，我想他们的耳朵都出老茧了。"

刘云笑笑说："你觉得主要的阻力是什么？"

王章说："坦白说，我真不知道这个事情为什么这么难。我觉得把业务部门和 IT 部门的主要干系人组织起来开几天工作坊应该可以解决。另外，我分享一个体会，在一次需求文档的解读会议上，有一个需求我认为完全不需要在首发版本中出现，当我问这个需求是不是可以在后续版本中做时，你猜我得到的回答是什么？"

刘云说："没有后续版本的预算和计划！"

王章说："果然姜还是老的辣，料事如神啊。是的，就是这样。"

刘云说："这样的说法在其他项目我都听你说过好几次了。很显然，盛远目前还处在'预算驱动交付'的阶段，距离我们倡导的'价值驱动交付'还有很长的路要走。"

王章说："还有组织架构上的问题。"

刘云说："能不能把产品小分队延伸到业务端？"

王章说："这是终极目标，不过目前产品小分队的产品其实是IT系统，这个拆解并非面向业务。"

刘云说："如果从业务端来看，组织应该按金融产品来分。"

王章说："是的，但一个金融产品涉及若干个IT系统，等于又把IT部门的产品小分队打回原形。从大原则上来说，一个IT团队本来就是对应一个金融服务的。"

刘云说："但粒度不同。我们希望粒度越小越好，最好整个小分队维持'两个比萨团队 ①'的规模。"

王章说："这个事情要再和思文聊聊。"

刘云亲自来到盛远，约了思文、李俊和王章。刘云说完开场白后，思文说："我们要理解基金服务在业务部门那边如何细分，进而考虑从维护和变更的角度看，如何将IT团队解耦到最小粒度。按照我的理解，目前基金服务的具体业务是这样的。"她从笔记本电脑中找出一张业务图。

---

① "两个比萨团队"得名的由来，是因为团队的成员很少，只有6～10人，用两个比萨就能喂饱他们。

刘云问："那么在系统层面，关系是怎样的？"

李俊做了如下解释：

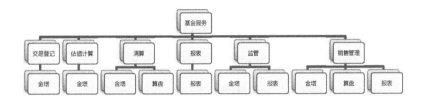

刘云说："看来金塔的分量很大。"

李俊说："是的，它是我们的核心系统，不过是第三方供应商产品，开发和维护都需要依赖供应商。"

刘云说："嗯，这个比较麻烦。在金塔内部，像交易登记、估值计算等这些功能是独立的模块吗？"

李俊说："算是独立的模块，但是整个金塔系统是一个单体应用，只能整体部署。我想你是想问能否按照交易登记、估值计算这样的粒度来拆分团队吧。"

刘云说："是的。"

王章补充说："目前我们在做的金塔接口 API 倒是可以这样拆分，因为 API 都是独立的微服务应用。"

刘云说："但这不是端到端的服务。"

大家陷入了沉思。

思文提出："我们先不管金塔，看看报表和算盘的情况。"

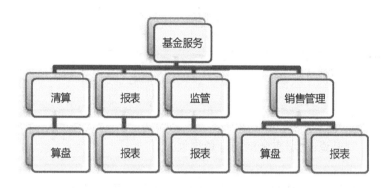

李俊说："以算盘为例，其需求主要来自销售管理，清算只是算盘的用户。报表的情况会复杂点，需求分别来自 3 个领域。"

王章说："那么我们是不是维持算盘一个小分队，报表小分队再分拆成 3 个？"

李俊摇摇头，说："报表这 3 个领域并不是任何时候都有需求的。比如监管对业务部门来说是每天都要做的事情，但并不是时时都有新的监管需求需要 IT 部门做开发。"

思文说："业务的组织架构在小粒度上和 IT 系统不是一一对

应关系，这是历史问题。我们还是从目前产品小分队的模式遇到什么困难出发吧。"

王章说："目前产品小分队是以 IT 系统为分界，每个产品小分队对应的是若干个业务，也就是说这样的拆分并没有和业务组织有一个明确的对应，无法把相关业务人员拉入到小分队中，得到端到端的价值视角。"

思文说："其实主要问题还是优先级嘛。如果我们对从业务到 IT 的全价值小分队这块没有头绪，那么还是先看看如何解决优先级统一的问题吧。"

刘云说："有关优先级，业内有两种实践：

- 延迟成本（Cost of Delay）——计算每个请求如果逾期的话造成的损失，将其折算成金钱，这样便可以量化所有请求的优先级；
- 服务等级（Class of Service）——对于不同的请求类型，赋予其不同的服务等级，区别处理。"

王章补充说："虽然延迟成本可以量化所有请求，从而基于它对所有请求进行排序，得到一个大家都必须认可的总列表，但是延迟成本的计算和校验非常麻烦，业务部门可能不太容易接受。我想引入服务等级可能比较可行。"

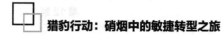

李俊说："能再解释得细一点吗？"

王章说："在看板方法中，我们可以结合请求的服务等级做出不同的响应。常见的服务分类如下。

- 加急类（Expedite）——常见于一些时效性特别强的需求，或者对产品重大缺陷的修复。这一类请求将被视为最高优先级，可以无视最大在制品数（WIP）的限制而直接进行作业。然而这样的请求，很容易对看板的正常工作造成冲击，因此加急类的任务个数，通常都仅设置为 1。

- 固定交付日期类（Fixed Delivery Date）——推荐安排一定的产能来处理一些固定交付日期的请求。对于这一类的请求，需要交付团队在开发之前对请求的工作量进行估算，并在开发过程中定期地确认进度。一旦发现进度落后到有可能无法完成的地步，则需要交付团队对请求重新进行评估。如有必要，这类请求可以升级为加急类。

- 标准类（Standard）——最普通的请求。推荐大部分的产能都归类到此类请求。交付团队无需对请求的工作量进行估算，直接按照先进先出的顺序进行处理即可。但对于超过两周工作量的请求，建议先进行拆分。

- 无形类（Intangible）——主要针对一些用户价值有限的附加功能。推荐安排在此类任务上的产能应该低于标准类的产能。"

李俊肯定地说："这个比较实用，分类也比较容易，基本不需要业务部门的参与。比如影响较大的故障就是加急类，'热带雨林'、监管需求等的有明确交付日期的就是固定交付日期类。大部分的常规开发属于标准类。"

思文说："好，那我们的结论是在 IT 部门维持产品小分队的结构，每个小分队继续使用看板方法，然后引入服务等级来安排产能。"

刘云补充道："对于产品小分队来说，最理想的模式是，每天都是常态化的持续交付，以有限的人力，按照各种服务等级最大化价值交付，保持稳定的交付速率，而加班是极少的情况。"

本章知识点小结：

- 延迟成本——量化全局优先级；

- 服务等级——基于不同服务等级区别处理。

第 13 章

发现新航道——突击项目紧急召集，关键链显神通

一周后，史强突然召集了艾伦、关杰和思文开会。"国家刚出台了私募基金①管理办法，明确了对私募基金的监管要求，这将带来两个方面的市场变化：一是私募基金得到了国家的进一步承认和支持，国家鼓励更多的私募基金成立；二是为了满足监管要求，私募基金必须鸟枪换炮，它们的业务必须依托于系统，但是不少私募基金就几个人，完全不能承担独立搭建系统的成本，这将带来基金服务外包市场的大量机会。目前我们的全部业务都在公募基金②上，我们要快速抢占这个市场。关杰，你要马上成立一个项目组；艾伦，你们负责定义服务流程；思文，你们要在系统上给予支持。"

思文说："目前我们的系统只能支持公募基金，要支持私募基金外包，需要开发新的系统或者引进第三方供应商系统，这将是一个全新的开发项目。"

艾伦说："整个业务流程也不一样。史强，我们有多少时间？"

史强说："只能说越快越好，这样说吧，我希望能在3个月内成事。"

艾伦和思文显然被惊着了。思文说："目前我们都不够人手应

---

① 私募基金（Private Fund）是私下或直接向特定群体募集的资金。与之对应的公募基金（Public Fund）是向社会大众公开募集的资金。

② 公募基金（Public Fund）是受政府主管部门监管的，向不特定投资者公开发行受益凭证的证券投资基金。这些基金在法律的严格监管下，有着信息披露、利润分配、运行限制等行业规范。

对'热带雨林'，如果要做这个项目，必须把'热带雨林'停下来，否则我们完全没有人手。"

史强说："没办法了，如果我们不抢在竞争对手前，就会失去这个机会。大家也明白'热带雨林'的合同已经签署，交付日期定了下来，开发刻不容缓。目前，大家都只能以兼职的形式把这个事情顶下来，拜托了。事不宜迟，我们要立刻成立项目组，我这边会派出李志明具体跟进这个项目，他将定义我们要提供什么服务。"

艾伦说："那我出陈浩吧。"

关杰说："我的人都在'热带雨林'上，我只能亲自出马了。"

思文说："我没有其他选择，只能让李俊顶着。"

史强说："好，谢谢各位了。"

思文强调说："在这样的情况下，我们必须要做得更敏捷。"

史强说："我完全同意。"

思文找李俊谈了这个事情，李俊虽然觉得这几乎是不可能的任务，但也只能把它硬顶了下来。

翌日，项目组成员李志明、陈浩、关杰和李俊召开了项目启动会议。关杰说："按照惯例，我会做这个项目的项目经理，负责项目规划。李志明负责定义我们将提供什么服务，陈浩据此定义服务流程，李俊根据服务流程负责系统交付。志明，定义服务方面有想法了吗？"

李志明说："我昨天已经和我们的潜在客户谈过了，我问他们希望我们能提供哪些服务，他们反过来问我们能提供哪些服务。我看他们想货比三家。因为这是一个新的市场，没有现成的市场惯例可以参考。所以只能参考我们目前在公募提供的所有服务，把适用于私募的都提供了。"

李俊说："我们要在 3 个月内开业，这是非常紧的期限，我们应该做减法，要定义 MVP。"

李志明说："史强跟我交代过 MVP 的事情，但正如我所说的，我们不知道客户需要什么，如果客户货比三家后觉得我们提供的服务不够，那么就会失去他们，等于白干。"

陈浩说："其实竞争对手和我们的起点一样，大家都是在跟时间赛跑。我同意先做 MVP。我们还是合计一下 MVP 是什么吧！没有服务定义，我就无法做流程，李俊也无法做系统交付计划。"

关杰问："要开业，监管方面的要求是什么？我们是不是可以据此来定义 MVP？"

李志明说："只需要在基金业协会注册，不过前置条件是完成注册所要求的测试。"

李俊问："有测试的具体要求吗？"

李志明说："有的。"

关杰说："那我们就以测试要求作为 MVP 如何？"

李志明说："如果以此为 MVP，我们只能提供最基本的服务，我先去探探客户的口风，看看他们的接受程度怎么样。"

关杰说："我们什么时候能有答案？"

李志明说："争取明天。"

关杰说："时间很紧，我们要每天碰一次头。"

大家都表示同意。

第二天，李志明答复了客户表示不满意。但这次算是摸到了些底，他可以据此定义有哪些服务需要提供了，不过这要比原来定义的 MVP 多出一半的范围。

关杰要求陈浩据此定义服务流程，并要求李俊同步做出交付计划。李俊拒绝在服务流程出台前做交付计划，因为没有服务流程，他不能确定系统如何支持。现在压力集中在陈浩那里。

陈浩倒不含糊，花了两天时间把服务流程草拟了出来，交到项目组去评审。经过几轮讨论，一周后，服务流程确定了下来，李俊要接棒了。

李俊根据业务流程，和团队合计了需要哪些系统以及各项交付任务的依赖关系，画了项目网络图①并找到了关键路径②。由于时间紧迫，他们只能选择市场上的第三方供应商产品来提供标准化服务，这样只需要部署和测试，不需要开发。在之前的讨论中，项目组已经就供应商产品做了调研，定好了供应商。史强通过CEO跟采购部门和安全部门打了招呼，要求他们在流程上开绿灯加快进度，关杰负责跟进采购，李俊已经拿到安全部门承诺的流程时间，可以放入交付计划。然而，根据做出来的计划，关键路径需要4个月时间，而且目前已经过去了两周。

关杰立马把李俊拽到会议室，说："能把你做的网络图给我看看吗？"

李俊心想，这家伙又想插手IT部门的事情了，而且还在怀疑他做项目计划的专业性。他说："你有必要管得那么细吗？"

关杰说："我敢打包票，4个月你都做不下来。"

李俊真有点火了，不过看在他不是一开始就压时间的份上，暂且看看他葫芦里卖什么药。他说："你自己看吧，粗线框圈的是关键路径。"

①项目网络图就是项目活动及其逻辑关系（依赖关系）的图解表示。
②关键路径是项目网络图中最长的路径，通常决定项目工期。

原始网络图和关键路径

技术选型 10	技术评估 20	系统架构设计 20	申请生产环境 4	安装生产环境 6	性能测试 20

关杰说："你能把各项任务需要谁来执行都标注出来吗？"

李俊有点不耐烦："大哥，我好忙的，别在这里浪费大家的时间了，好吗？"

关杰说："你的计划无法满足史强的要求，我要去帮你解释的，所以你也得配合我吧。"

李俊暂时分不清楚关杰在这件事情上是敌是友，只能照办。

考虑资源冲突

IT　架构设计师　业务　安全部门

关杰指着新的图，说："你看看，在你的计划里，申请生产环境、安装生产环境、性能测试和基金业协会注册测试都需要你一个人完成，你能兼顾得过来吗？"

李俊说："是不能啊，特别是我还有日常工作需要处理，但有什么办法呢？"

"所以你的计划是不可行的。"关杰说，"特别是在关键路径上那些任务，一旦延迟，整个项目的完成时间还要往后推。我来帮你调整一下。"说罢，他在李俊的笔记本电脑上摆弄了一番，得到新的图。

"因为有几个任务都需要你一个人并行处理，实际上它们将变成串行任务，所以按照新的计划，你起码需要 104 天，比你原来计划的 84 天还要多 20 天，也就是还要多出差不多一个月的时间。"关杰说。

"那就靠你老人家好好跟史强解释了。他们总是那么贪婪，什么生意都想做，从来不考虑我们后面的交付能力。"李俊叹了口气说。

关杰说："且慢，我们不能这么快就放弃，还是要尽力满足目标的。你们的任务估算肯定是有水分的吧？"

李俊说："那不叫水分，叫安全时间，项目有那么多变数，傻子才不加安全时间呢。"

关杰说："这个我懂。如果我把所有任务的时间减半，那么完成时间就变成2个月了。"

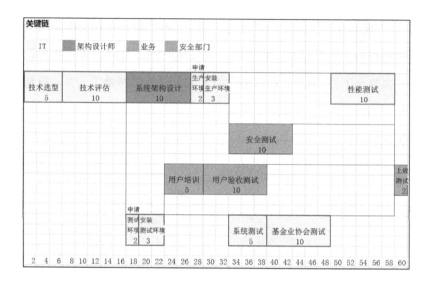

李俊说："这不可能！没有人会以最乐观的情况计划项目的，特别是大家都是兼职的情况下，时间上根本没有保证。"

关杰又摆弄了一下网络图，展示给李俊看。

"粗线圈着的那些部分叫关键链，包含原来的关键路径和其他一些需要关键资源的任务，它们才是决定项目长度的全部关键因素。我把关键链上所有任务被扣除的安全时间放在最后一个任务后面作为项目缓冲，保护项目不受关键链任务延迟的影响。所有非关键路径上的任务被扣减的安全时间也集中在一起作为接入关键链的接驳缓冲，保护关键链不受这些任务延迟的影响。"关杰解释道。

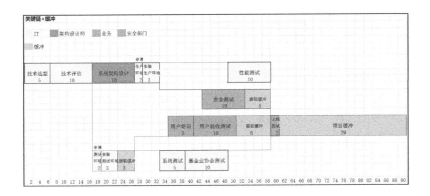

李俊消化了一阵，有点头绪了。"这既解决了依赖于我的资源冲突，又看似和我原来计划的完成时间差不多。你这是什么戏法？"

关杰说："我最近看了一本书叫《关键链》①，是《目标》② 同一系列的书，它把约束理论③ 引入到项目管理中。"

李俊说："没想到你还挺爱学习的。我听王章说过《目标》和约束理论，跟精益那一套是相通的。"

关杰笑着说："活到老学到老嘛，再说，我是吃项目管理这口

---

① 作者：［以色列］Eliyahu aoldratt，译者：罗嘉颖，出版社：电子工业出版社。

② 作者：Eliyahu aoldratt，Jeff Cox，译者：齐若兰，出版社：电子工业出版社，副标题：简单而有效的常识管理。《目标》用洗练的小说笔法，阐述了作者独创的"约束理论"（Theory Of Constrain，TOC）。本书通过对工厂从危机四伏到逐步化险为夷，进而否极泰来这一过程引人入胜的叙述，带出了许多企业管理的基本法则。

③ 约束理论五步法：步骤一，定义系统的限制（瓶颈）；步骤二，决定如何充分利用限制；步骤三，依上述决定，让非限制资源充分配合；步骤四，打破系统限制；步骤五，若限制已打破，回到步骤一。

饭的，总要想想办法吧。特别是私募外包这个项目这么赶，我想我们可以试一下这个新方法，反正旧办法解决不了问题。"

李俊说："完全同意。不过如果不幸所有缓冲都用完了，我们还是不能满足目标。"

关杰说："在原来的做法中，我们为所有的任务都加入了安全时间，但却会被学生症候群、多任务和延迟的累积浪费掉所有的安全时间，这就是大部分项目都会延迟的原因。我来逐一解释一下这几个名词。

"学生症候群是指通常人们会先极力争取安全时间，得到安全时间后，就不着急，真正开始行动往往是在最后一刻，造成安全时间被白白浪费掉。所以在任务阶段剥夺安全时间可以迫使相应的资源在任务开始的时候就全力以赴地执行任务。

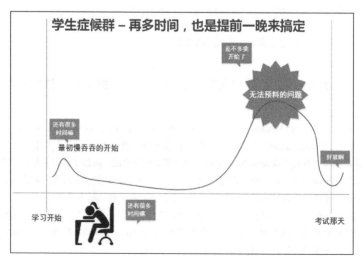

"多任务的坏处我不必多讲，大家都清楚。敏捷和精益都在讲要限制在制品和减少多任务切换。我们要考虑资源冲突问题，从而保证所有任务所需要的资源都能专注地执行单一任务。

"原来我们为每一个任务都保留安全时间，但是仍然有大量项目延迟的原因在于，一个任务的延迟会全部转嫁给下一个任务，而由于估算通常会被视作承诺，人们因此不会呈报提前完工，否则今后的估算会被压榨，这叫帕金森定律，所以提前完工赚到的时间通常也会被浪费掉。我们现在的做法就是要把安全时间作为缓冲进行集中管理。从这个新方法中我们可以看出，任何任务提前完成，都能增加缓冲。

"从今天起，我们每天都要重新评估正在做的任务的剩余完成时间来增减缓冲，而且要密切观察缓冲使用的情况。任何的任务延迟都会消耗缓冲，我们可以通过缓冲的消耗情况来判断项目状态，而不再像以前那样看所有任务的完成情况。非关键链任务的提前完成对整个项目并没有帮助，约束理论提到，所有非瓶颈以外的优化都是徒劳的，而关键链正是整个项目的瓶颈。

"还有一点，我们要保证所有的任务在开始时所需要的资源都能提前就位，投入全部个人时间到分配的任务上，我会提前跟业务部门协调好，你要跟架构设计师和安全部门协调好，不断地提醒他们，把他们的时间都定死了。

"我看过业内有关关键链运用的报告，大部分项目都能在项目缓冲期内完成，我们就试试吧，反正也没有选择。我来在项目组沟通我们的新计划。"

李俊给关杰竖了大拇指，这是他俩合作那么久，他第一次真心地对关杰表示佩服。

由于大部分启动的任务都压在李俊身上，他也只能把私募外包项目的任务作为每天首要任务来处理，其他需要交付的事情，他只能依靠团队顶着。每天他都会跟关杰沟通每个任务的剩余时间，以调整缓冲。经过几周的运行，效果良好。

在思文的管理层例会上，李俊分享了关键链在私募外包项目中的运用。王章回应道，他听刘云说另外一个顾问在其他公司试用过该方法，项目比原计划提前了完工。思文对此饶有兴致，她建议张丽也把这个方法运用到"热带雨林"上。

会后，思文私下跟李俊说："最近，CEO 有要把 PMO 并入 IT 部门的意思。一方面他想精简机构，进一步削减开支；另一方面，常规开发转型试点的成功，从某程度上佐证了最终用户与 IT 部门的直接互动可以大大提升交付效率。我后来了解到，私募外包项目其实是关杰主导的，他急需这个项目来重新证明 PMO 的价值，挽回局面，所以这次是关杰在豪赌。其实一开始在业务高层会议上，史强提起这个市场机会的时候，他并没有抱什么希望，因为他知道按照我们过去的交付能力，估计至少要半年才能成事，所以他想等市场成熟后再后发制人。后来关杰找到了史强，拍胸脯说 3 个月能搞下来，完全有机会抢占先机，并说服了史强向 CEO 拿了预算并出面召集大家来做这个项目。"

李俊恍然大悟。"难怪他也愿意尝试新方法了，这是孤注一掷。"他开玩笑说，"要不要我在中间使使坏搅黄它？"

思文笑着说："他可是老江湖，小心把自己搭进去。"

本章知识点小结：

- 关键链——把约束理论运用到项目管理中，突破项目管理的瓶颈。

第 14 章

到达彼岸——实现常态化交付

3 个月后，私募外包项目成功上线，项目的实际完成时间仅比计划目标日期晚了一周。项目缓冲消耗了 12 天，占全部缓冲的 41%。部分接驳缓冲也有消耗，但都没有影响到关键链。关键链方法达到了预期效果。

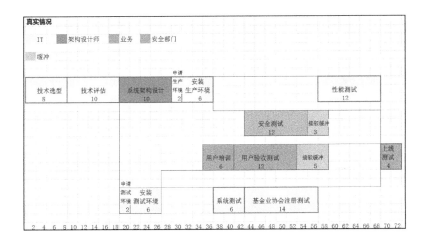

史强请了项目组喝酒。关杰自然是最高兴的。他希望借此一役可以把 PMO 保留下来。如果真的和 IT 部门合并，他的位置将非常尴尬，也许要另谋出路。已经四十多岁的他要再找到这样的职位并不容易。李俊也趁机灌了他几杯。这一夜，所有人都感到很美好。

年初，CEO 张钟国约谈了思文，他说："去年的财务报表显示，我们的业务因为受到互联网金融的冲击，营业收入下降了 22%，成本维持差不多的水平，也就是说去年的利润大幅下降了。现在股东给我们施加了很大的压力。我想除了创收以外，我们要

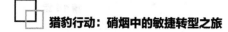

进一步削减开支，各个部门都要给出成本压缩方案。"

思文回应道："我认为部分营业收入下降和我们没有及时响应市场需求也有关系。销售部和服务部有一些业务需求因为 IT 部门人手不足而无法交付，只能放弃。所以如果要 IT 部门进一步压缩成本，削减人员的话，我相信情况只会更糟糕。今年'热带雨林'还需要增员。我们正在实施的猎豹行动可以提升我们的交付效率。但我希望它带来的是我们可以交付更多的业务价值，为业务部门争取更多的市场机会和营业收入，而不是减员。"

张钟国说："据我所知，所有已被批准的项目有充足的预算，我不明白为什么 IT 部门总是人手不够。"

思文再次强调说："我跟您说过，项目预算全部划给 PMO，能分配到 IT 部门的还不到一半，而 PMO 只负责项目管理和需求分析，仅占整个软件交付流程的 20% ～ 30%，IT 部门拿着不到一半的钱却要做剩下的 70% ～ 80% 的活。PMO 的人数和 IT 部门的相当，人员配置比例也不合理。"

张钟国点了点头，说："嗯，我不懂 IT 技术，这种情况在 5 年前我加入盛远的时候就存在了。我听艾伦说过，在常规开发这一块，你们尝试服务部与 IT 部门直接合作，效果不错。"

思文说："我了解过，成立 PMO 的一个主要原因是过去的项目交付过程很强调专业分工，有项目经理、业务分析师、架构设计师、开发工程师、测试工程师、运维工程师等职能，所谓术业有专攻，这样做可以提高每个职能的效率。销售部和各区域的服务部的项目需求与优先级不能统一，也需要一个独立部门来统筹和管理项目。但这样的分工会导致整个系统交付流程变成了跨部门合作，中间环节需要经过不同部门或角色的交接，从整体交付效率来看，存在很大的损耗。所以，今天我们更强调整合和弱化分工，我们要求我们的工程师能负责整个端到端的交付。从常规开发的试点效果来看，IT 部门完全有能力直接与业务部门沟通和合作。这也是猎豹行动的目标。"

张钟国说："你的意思是说我们应该把 PMO 和 IT 合并了？"

思文说："我只能说目前从职能上来说，PMO 和 IT 部门确实存在一定的重合和摩擦。常规开发试点的成功，得益于简化业务部门与 IT 部门的关系和缩短反馈环。我们需要把这样的成功应用到更广泛的领域中去。面对互联网企业的冲击，我们要思考我们的劣势在哪里。韩都衣舍的故事您听说过吗？"

张钟国说："没有。"

思文说："它是一个服装品牌，从一个淘宝网货品牌起家，短短几年间，销售额从 20 万人民币快速发展到 15 亿人民币。"

张钟国说："喔，厉害。"

思文说："它的成功秘诀在于它的组织形式。它也曾经是一家

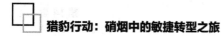

传统形式的服装企业，采用金字塔控制型管理模式，决策需要层层批复，发展很快遇到了瓶颈。后来它发展出了'以产品小组为核心的单品全程运营体系'的模式。每个产品小组由 1～3 个人组成，3 个人中有一个设计师，一个负责销售的导购和一个负责供应链的裁缝。小组可以自行决定款式、价格、数量、打折、促销甚至是内部分配等决策。公司为各小组提供公共资源与服务并考核每个小组的核心指标。多个小组形成内部竞争，这也是一种内部创业的模式。这种去中心化的网络状组织形式大大提升了决策速度，它更适应当前快速变化和高度不确定的市场环境。这也是很多互联网企业的组织形式。而我们公司这种传统的组织形式也许更适合上一个时代。所以，不客气地说，我们和互联网企业处在不同的时代，这也许就是为什么我们受到互联网金融碾压的原因。"

张钟国说："有意思，也许我们可以发展出很多由一个销售人员、若干个服务人员加若干个 IT 人员围绕着一款金融产品的小组。"

思文回应道："是的，IT 部门也要有专门的团队提供基础设施、架构设计和工具等的公共服务。其实我们内部讨论过如何把业务部门和 IT 部门拆解到更小的粒度，但是以我们目前的产品形式、组织架构和系统架构，这将是一个比较漫长的过程。我们只能从新的产品入手，两种形式共存。"

张钟国说："好，很好的一次探讨。言归正传，正如你所说，当务之急是如果简化关系和缩短反馈环，我想我们还是先在现有组织架构下做优化、精简和整合。"

经过和史强、艾伦、思文的多次讨论，最终，张钟国决定了把 PMO 合并到 IT 部门里。私募外包项目的成功并未扭转这个局势。合并将在 3 个月后完成。PMO 中除了关杰外的所有成员，主要是项目经理和业务分析师（BA）都将直接并入 IT 部门。关杰未来的位置暂时是个未知数。

思文在她的管理层会议上讨论合并后的人员分配问题，她说："目前 PMO 的人数与 IT 部门的人数相当，合并后，从人数上来说，IT 部门的队伍将壮大将近一倍，可以大大舒缓一直以来的交付压力。不过在 IT 部门，经过这大半年的转型，我们一直致力于培养能做到端到端交付的 T 型人才①，模糊原来诸如 BA、开发工程师、测试工程师、运维工程师等的明确的职能分工，虽然每个人依然有他 / 她在原来职能上的强项，但是在工作分配上，尽量让大家可以做到负责一个用户故事或需求的端到端交付，包括分析、开发、测试和运维等。而从 PMO 过来的项目经理和 BA 不具备开发能力，可能导致某些职能过剩或者和我们的要求不匹配。我想提醒大家，他们过来后，成本都会算在我头上，所以他们并不是'免费'的，需要有项目预算来填补。如果真的有不匹配的情况，

---

① T 型人才是指按知识结构区分出来的一种新型人才类型。用字母 "T" 来表示他们的知识结构特点。"—"表示有广博的知识面，"|"表示知识的深度。T 型人才既有较深的专业知识，又有广博的知识面。

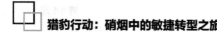

我们只能继续另请高明了。"

李俊想了一下，说："对于我的团队来说，可以让 PMO 过来的项目经理进入金塔产品小分队，因为金塔主要涉及需求管理、供应商管理、验收测试和部署，都是管理方面的工作，不需要开发能力，然后把原来在金塔的 IT 人员置换到报表和算盘小分队，让他们有机会做开发。至于 BA，每个小分队都需要的，可以按照他们原来熟悉的领域分配到各小分队，负责需求分析和验收测试，今后看有没有可能培养他们的开发能力。这次合并正好满足了我们在'热带雨林'的招聘任务。"

思文说："好主意。其他团队也要谨慎考虑整合问题，做到平稳过渡。"

由于业务部门和 IT 部门都没有合适的位置，关杰离开了盛远。

张丽研究过关键链后，她向思文指出："关键链主要不同于关键路径的地方是关键链考虑了资源冲突。把安全时间从每个任务中转移出来的前提是，每个任务所需要的资源都能聚焦在当前任务上，所以若在单个项目中运用关键链，如果所需资源与其他项目有冲突，依然不能达到效果。我们要从全局角度考虑来规划关键链和关键资源。"

思文说："王章说过他们有另一个顾问实施过关键链，我找刘云帮忙安排那个顾问给我们所有的项目经理开一个讲座。然后我们讨论如何在各个项目落实。"

随着关键链在各个有固定期限的项目的全局实施，每个项目所需要的关键资源终于得到了有效协调。对于"热带雨林"来说，从 PMO 过来的人员基本填补了 IT 部门在该项目上的空缺。各交付团队与项目委员会、业务的沟通更加直接和高效。各个交付的目标日期在关键链计划下重新确立了下来，各个产品小分队按照固定交付日期类的服务等级进行有条不紊的交付。

盛远 IT 部门基本实现了刘云说的常态化交付的"理想模型"。

本章知识点小结：

- 组织架构变革是根本；

- 关键链的跨项目运用——考虑关键资源有不同项目需要时的冲突。

知识点总结

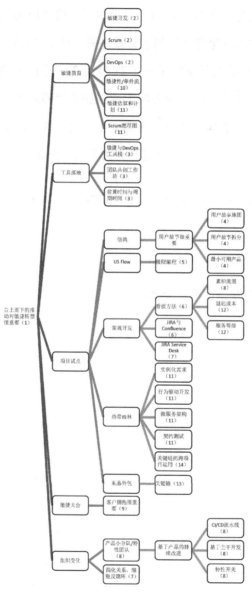

注：括号内为章序号

附录

背景

盛远金融公司是一家金融服务公司，基金外包服务是其最重要的业务。它拥有 100 多人的 IT 部门，为公司业务提供软件开发与维护服务。IT 部门面临的问题有：

- 开发模式依然是以瀑布模型为主，交付慢且昂贵，业务部门非常不满；
- 业务部门架构复杂，各自的利益与兴趣点不同，难以形成统一的优先级和需求意见，对 IT 部门有不同的请求和期待；
- IT 部门由于预算问题人员编制不足；
- 流程烦琐、基础设施落后、自动化程度不足；
- PMO 部门承担所有项目的甲方，为了维护部门利益，在所有项目中做中间人角色，不愿 IT 部门直接接触其他业务部门（最终用户），但又不愿承担 PO 的角色。

思文："猎豹行动"推动者，执行力强，面对困难从不抱怨

李俊：IT部门经理，严谨，沉着，对新思维、新方法保持谨慎

王章：敏捷顾问，有丰富的敏捷实施经验，对新思维、新方法狂热

张丽："热带雨林"项目总监，敏锐、务实，思维严密

关杰：PMO部门总监，部门利益捍卫者，对敏捷持怀疑态度

其他人物

名字	公司	职位	角色	性别
张钟国	盛远金融	CEO	盛远一把手	男
赵亮	盛远金融	PMO 项目经理	"信鸽"项目甲方	男
史强	盛远金融	销售部总监	"热带雨林"投资人	男
艾伦	盛远金融	服务部总监	IT 系统直接用户代表	男
张小鹏	盛远金融	工程师	报表小分队队长	男
刘云	思域咨询	总监	王章的上司	男
王洁	盛远金融	业务分析师（BA）	"热带雨林"项目 BA	女
李文杰	盛远金融	架构设计师	"热带雨林"项目架构师	男
黄博	盛远金融	工程师	算盘小分队成员	男
郑小年	盛远金融	工程师	算盘小分队成员	男
陈浩	盛远金融	部门经理	服务部华南区经理	男
李志明	盛远金融	销售经理	私募外包项目销售部代表	男

猎豹行动：硝烟中的敏捷转型之旅

人物关系图

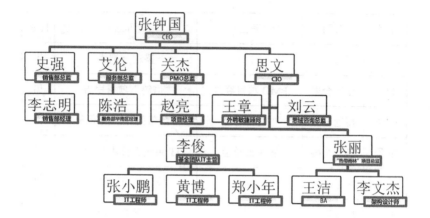